TSMCはなぜ
世界一に
なれたのか？

半導体ビジネスの覇者

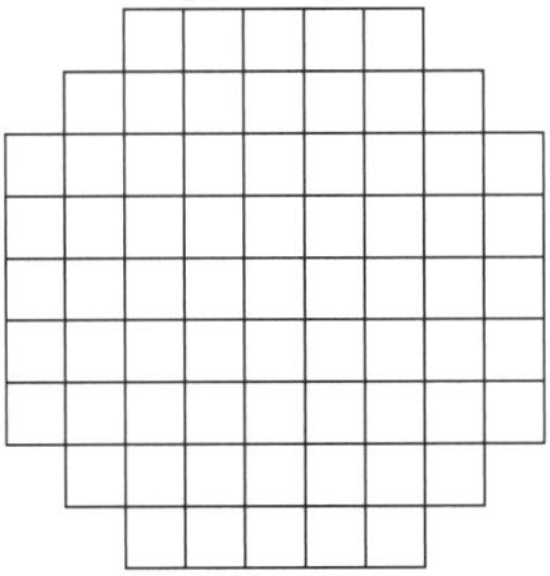

著　王《ワン》百禄《バイルー》

解説　鈴木一人

訳　沢井メグ

日経BP

推薦文 Ⅰ

ファウンドリーモデルを創出し半導体産業にパラダイムシフトを起こす

エイサー創業者　スタン・シー（施振栄）

本書の著者である王百禄氏は、エイサーの創業当時、『工商時報』〔台湾のビジネス紙〕の記者として活動しており、台湾のハイテク産業の歴史に精通している。1988年には『高成長的魅力——台灣電腦業小巨人奮鬥史（高成長の魅力——台湾コンピューター産業の小さな巨人の奮闘史）』を執筆している。本書はTSMCの成長・発展について書いた本だ。私はTSMCの創業者モリス・チャン（張忠謀）氏に招かれ、2000年から21年間、同社の取締役を務めた（2021年7月に退任）。その経験があるため、王氏から取材を受けた。

モリス氏はTSMCを創業する前、米国のテキサス・インスツルメンツ（TI）で半導体部門の最高責任者として活躍し、半導体産業の中核にいた。彼は台湾の将来のため、どうすれば半導体産業に参入できるかを考え、1987年にTSMCを設立した。その後、ファウンドリー事業〔半導体製造の前工程の受託生産〕に専門特化するという革新的なビジネスモデルを確立していき、半導体産業におけるパラダイムシフトを主導した。

エイサーも1983年にパソコン（PC）の自社ブランドを立ち上げPC市場に参入し、業界にパラダイムシフトを起こした。PCの生産プロセスは「垂直統合型」から「垂直分業型」に移行していき、米日欧のPCブランドメーカーは、自社単独での開発・製造が非効率であることに気づき、台湾のODM（オリジナル・デザイン・マニュファクチャリング、他社ブランドによる製品を設計・製造）企業に製造を委託するようになった。

この現象に注目した『ハーバード・ビジネス・レビュー』は、1991年にPC産業や半導体産業は「コンピューターをつくらないコンピューター企業」「ファブレス半導体企業」という新しいビジネスモデルに移行していくと指摘した。こうしてPC産業と半導体産業は、垂直統合型から垂直分業型へのパラダイムシフトを経験した。

台湾は市場規模が小さいため、設計やマーケティングにおいては、国際的な有名メーカーとの分業が必要だ。台湾は製造技術のコアコンピタンスを習得し、最適なモデルに投資することで、自身の競争優位を発揮できるようになった。

台湾は、このパラダイムシフトで生まれた新しいチャンスをつかんだ。一方、日本は過去数十年にわたる垂直統合のモデルを信奉し、グループ内ですべてを完結させることで、1980年代、世界一に上り詰めた。しかし、この成功体験から、日本企業にはアウトソーシングの発想がなく、産業の潮流が分業に向かっているにもかかわらず、垂直統合に固執し続けた。台湾と米国は手を取り合って分業し、その結果、1990年代に入ると、半導体業界における日本の競争力は失われていった。

台湾は有利な分業体制に注力し続け、現在、台湾の半導体ファウンドリーの世界シェアは70％に近づいている。当初は比較的後発のプロセス技術［半導体チップの加工・製造技術］からスタートしたが、時代に合ったビジネスモデルの下で実力を蓄え、規模と投資を継続的に拡大させ、現在ではプロセス技術で世界のリーダーとなり、ファウンドリーの分野での価値創造に注力している。

本書はTSMCの発展のプロセスを描いているが、そこから、自分の所属する業界でパラダイムシフトのイニシエーターの役割を果たすにはどうしたらいいかを考えることに意味があると思う。例えば、インターネットの発展において、これまでは米国や中国の大企業が独占し、グローバル化の過程で分業の余地はあまりなかった。これは容易なことではないが、米国や中国の成功事例を見た若者は、互いの異なる環境下でどうすれば突破口を開けるかを考えなければならないだろう。

本書を通じて、TSMCが業界全体の発展を見守りながら一歩ずつ前進し、AIやIoT［モノのインターネット］という大潮流の中で台湾が果たすことができる役割を考えてほしい。王道的思考に基づいて価値創造とバランスのとれた業界エコシステムを構築している姿から、読者がインスピレーションを得ることができれば幸いだ。

推薦文 2

TSMCは政策主導による成功モデルだ

行政院副院長 **沈栄津**

台湾では1980年代、孫運璿《そんうんせい》行政院院長〔首相に相当〕と李国鼎《りこくてい》政務委員〔大臣に相当〕の指導の下で、ハイテク産業の育成が盛んに行われ始めた。特に李国鼎氏は、コンピューター、半導体、液晶パネルなど八つを重点技術と位置付け推進した。ちょうど私が経済部〔経済産業省に相当〕工業局第二グループで働いていた時期だ。第二グループは情報、エレクトロニクス、電子工学、ソフトウエア、ネットワークなどの産業を支援する役割を担っていた。私は科長、副グループ長、グループ長、副局長、局長として、これらの技術の発展のための政策を推進してきた。その結果、これらハイテク産業の年間売上高は数百億台湾ドルから1兆台湾ドルの規模にまで成長した。台湾が国を挙げ、政府機関と産業界が一体となって協力した結果だ。これは、政策主導による産業の成功という点で模範例になった。

私が王百禄氏と出会ったのは１９８３年のことだ。当時彼は『工商時報』でハイテク産業のニュースを担当しており、政策や産業の動向を取材するため、私たちの部署をよく訪れていた。当時の責任者であるグループ長の宋鉄民氏や副グループ長の尹啓銘氏を除けば、私が王百禄氏と最も頻繁に交流していたと思う。彼の最後までやり遂げようという執念とプロとして真摯に取り組む姿には強い感銘を受けた。80年代の新聞記者といえば昼過ぎになって取材を始める人が多かったが、彼は朝から現場に姿を現していた。

当時、政策アイデアの多くは、国家建設会議、行政院科技顧問会議、近代工程会議などで国内外の産官学の専門家が集まり、数日間にわたって議論してから、李国鼎氏がゴーサインを出し、政策化されるのが常だった。王氏は昼間、いつも会議場にいて、夕方になると新聞社に戻って記事を書いていた。彼が執筆したハイテク政策や技術、産業の動向についての記事には貴重な洞察が含まれており、多くの企業経営者や専門家の取材に裏付けられていて、政府関係者からも評価されていた。

30年以上にわたって積み重ねられた王氏の半導体と関連産業についての知識には、マクロとミクロの視点が備わっている。まさに彼は、台湾の半導体企業を深く知る数少ない専門家のひとりだ。特に、モリス・チャン氏が１９８６年に台湾に戻った際、王氏はすぐにチャン氏に接触していた。さらに王氏は、李国鼎氏と10年以上緊密に交流し、政府の上層部がＴＳＭＣを支援していた背景をよく知っている。その王氏が本書で披露するＴＳＭＣの競争優位性や歴史の分析には、多くの一次情報や観察が含まれており、本書を読んだ後には、ＴＳＭＣが直面する競争環境について包括的な理解が得られるだろう。

2021年7月25日

【訳注】沈栄津氏は２０２３年１月に行政院副院長を退任し、現在は総統府資政顧問を務めている。

目次

第2章

TSMC誕生の奇跡

第5章 TSMCの技術開発秘話 209

第6章 今後10年を展望する 267

※［ ］は訳注、1台湾ドルは約4・5円

日本の読者の皆さんへ

台湾で本書が出版されたのは2021年9月のことだ。あれから2年たった今、TSMCは創業以来、最大の地政学的リスクに直面し、米国、日本、中国、欧州の政治家や経済関係者の注目の的となった。このようなビジネス以外の要素で脚光を浴びるのは、創業者で前会長のモリス・チャンにとっても初めてのことだ。

だが、様々な外的要因の懸念や影響はあるものの、TSMCは事業に邁進している。2021年から2023年にかけて、新工場建設のため年間300億~340億米ドルを投資し続けている。その額は減るどころか着実に増加し、半導体の製造規模において競合するサムスン電子やインテルを大きく引き離している。

技術開発面では、「3Dファブリック・アライアンス（3D Fabric Alliance）」を立ち上げ、オープンプラットフォームに世界有数の半導体関連のテクノロジー企業を集結させた。また、IBM、HP、AMDなどコンピューティング技術の先進企業とも緊密に連携している。さらに、Chat GPTなど生成AI向けの半導体のリーディングカンパニーであるエヌビディアやクアルコム、アップル、グーグル、テスラなど世界的テック企業がこぞってTSMCと連携し、最先端の半導体を共同で開発している。

ＴＳＭＣの２０２２年の純利益は１兆台湾ドル超あるため、潤沢な資金を研究開発に投じられる。２０２３年の研究開発費は１００億米ドルに達した。このような巨額な研究開発投資が、最先端の製造・加工（プロセス）技術、特殊マイクロ部品、精密微細加工、第四世代の半導体材料開発などの技術力を支えている。今後10年は、ＴＳＭＣが半導体製造における各種先端技術のトップランナーであり続けるだろう。

同社の創業者で魂ともいえるモリス・チャンが、一線を退いてから4年あまりたつ。彼がつくり上げた企業文化は同社の中に着実に根づいて機能しており、マーク・リウ（劉徳音）会長、Ｃ・Ｃ・ウェイ（魏哲家）ＣＥＯの2トップのもと、この3年で驚異的な売上高と営業利益を記録した。

ＴＳＭＣが２０２２年に達成した三つの新記録は以下の通りだ。

- 年間売上高が７１７・４億米ドルに到達（前年比26・３％増）。
- 粗利益率が62％（金額は４４４億７８００万米ドル）、純利益は３５０億米ドルを突破。
- 世界最先端の５㎚［ナノメートル＝10億分の1メートル］、７㎚プロセスの売上高が全体の52％超。

２０２３年第2四半期において、ＴＳＭＣは10㎚以下の半導体製造におけるトップランナーだ。7㎚、5㎚プロセスで競合を大きく引き離しただけでなく、2022年には両方の売上高が全体の半分以上を占めるようになり、きわめて高い粗利益率に貢献した。また、2022年第4四半期に3㎚プロセスの量産を開始した。これには一層高い技術レベルが求められる。4㎚プロセスの量産で歩留まりの低さに苦戦するサムスン電子に対して、TSMCは、同年12月29日に、3㎚プロセスの量産を祝う記念式典を開催し、リウ会長とウェイCEOが出席した。その誇らしげな様子は、サムスン電子とは対照的だった。

TSMCの躍進はこれに留まらない。新竹と台中の両サイエンスパークに、超先端の2㎚プロセスの生産能力を有する最新の12インチウエハー半導体製造工場の建設を決めた。整地は完了しており、2023年に着工し、2024年に試運転、2025年に量産を開始する。今後も、サムスン電子やインテルとの技術差は広がっていくだろう。

TSMCのライバルであるこの2社は、2022年に経営不振に見舞われ、業績が落ち込んだ。インテルの売上高は前年比約20%減の630億米ドル、売上総利益率は同47%減、1株当たり利益は同65%減だった。サムスン電子は売上高こそ302兆2300億ウォン［1ウォン＝約0・11円］と過去最高を記録したが、営業利益は43兆3800億ウォンに落ち込んだ。これは売上高の14・35%にすぎない。TSMCの売上総利益率62%、売上高営業利益率は49%であり、2社とは雲泥の差だ。

2022年に絶好調だったTSMCだが、2023年に目を向けると、第1～2四半期は世界のハイパフォーマンス・コンピューティング（HPC）市場とコンシューマ・エレクトロニクス市場などで半導体の在庫調整の影響を受けるものの、高機能製品を求める顧客からの需要が大きく伸びていることから、減収幅は競合他社と比較して限定的になると見られる。また、市場の動向から下半期には高速処理が必要なAIチップの需要が旺盛になると見込まれ、再び業績は伸びるだろう。

2022年、米国のナンシー・ペロシ下院議長（当時）の台湾訪問（8月）後、中国は台湾海峡で軍艦、戦闘機を投入し、ミサイル発射を伴う軍事演習を行ったほか、「中間線」［軍事防衛ラインとしての事実上の中台境界線］を越え、領海侵犯を繰り返した。こうした圧力により台湾海峡の緊張は一時高まったが、台湾の蔡英文総統はかなり自制的な態度をとることで、戦争を招かないようにした。

2023年に入り、ロシアによるウクライナ侵攻が行き詰まり、ロシアが泥沼にはまっていく中で、3月に中国の習近平国家主席は3選を果たした。自身の指導力に自信を深めていることだろうが、国内での自信とは裏腹に、対米政策は慎重姿勢だ。台湾に対する大規模な領海・領空侵犯はその後起きておらず、米中衝突のリスクは沈静化している。つまり、短期的には、地政学的リスクがTSMCに与えるマイナスの影響は大幅に下がったといえる。

ＴＳＭＣは、世界中の軍事航空産業、ＨＰＣ、ＩｏＴ、スマートロボット、スマートフォン向けの高機能チップの80％以上を供給する唯一無二のサプライヤーであることから、台湾の安全保障と安定は、世界の産業の発展に深く関わっている。だからこそ、日本、米国、韓国、ＥＵ、オーストラリア、カナダを中心とする西側の民主主義陣営が結束して、台湾の安全と安定を支援することがきわめて重要だ。

地政学的緊張の中でも、ＴＳＭＣの熊本工場の建設計画は、日本政府やパートナー企業と交わした２０２１年の取り決めに基づき、変更することなく進められている。ＴＳＭＣは２０２１年12月、合意内容に基づき、日本の熊本県に子会社ＪＡＳＭ（Japan Advanced Semiconductor Manufacturing）を設立し、そこにソニーセミコンダクタマニュファクチャリングとデンソーが少数株主として出資した。ＪＡＳＭの熊本工場では12／16㎚プロセスと22／28㎚プロセスを製造する。一方、熊本より先に進められていた米アリゾナ工場は、労働組合との交渉や法律、文化の違いから、建設コストが当初の想定よりも大きく膨らみ、工事が大幅に遅れる事態に陥っている。また、エンジニアの育成やマネジメントに関しても、米台の企業文化や社会文化には異なる点が多く苦戦を強いられている。

その点、熊本工場の計画・建設は順調に進んでいる。日米の工場とも稼働後5年間は、現地のエンジニアが育つまで、台湾から数百から数千人のベテランエンジニアを派遣し、現地のサポートに当たる予定だ。台湾人から見ると日本は治安が良く、歴史的に儒教文化の影響を受けたという共通点もある。さらに食習慣も似ているため、支援のために派遣されるＴＳＭＣのエンジニアは、米国よりも日本を希望する人が多い。海外拠点として、日本は最も友好的で効率的な場所だ。日本政府がＴＳＭＣのエンジニアたちに永住権や良好な定住プランを提供し、長期滞在の道が開かれれば、将来、日本が５㎚、３㎚という先端技術の拠点を誘致する際、プラスに働くはずだ。

熊本工場は12／16㎚、26／28㎚プロセスというミドルクラスの半導体製造拠点になり、製品は主に、日本の自動車、家電、通信などの業界向けだ。だが、２０２４年には５㎚プロセスの製造技術が成熟し、その製造工場が熊本第３工場になる可能性が高いというのが私の予想だ。そうなれば、最先端の製造設備やロボット、電気自動車（ＥＶ）などに欠かせないハイエンドの半導体の供給が可能となる。新工場とＴＳＭＣの設備改善能力があれば、さらに４㎚プロセス、３㎚プロセスの製造も不可能ではない。そうなれば専門的なＩＣ製造サービスをもって、世界市場からの先端スペシャリティ・テクノロジーへの需要に応えていくことが可能になる。ＪＡＳＭのウエハー工場は２０２４年末の生産開始を目指している。

２０２３年４月

序文

最近、台湾のメディアで「護国神山」という言葉が大きく取り上げられているが、何を指しているのだろうか。「護国神山」になるにはどんな条件が必要なのか。これは興味深く、探求する価値があるテーマだ。

「護国(国を守る)」のためには、現代の先進国が日常生活や産業、国防などで不可欠な技術を保有していることが欠かせない。しかも、ほぼ独占的で、その技術において絶対的な優位性を持っているようにする。もしそのサプライチェーンが途絶えたら、日常生活や産業に大きな影響が及ぶだけでなく(例えば、iPhoneや自動車向け半導体の供給が滞ったらどうなるか)、大国の国防や軍事のための高度な武器が機能しなくなるかもしれない。大国は重要なリソースが途切れないようにするため、当然、その保護に力を入れる。この観点から見ると、TSMCの状況は「護国」の条件に合致しているといえる。

では「神山」が指すのは何か。それはTSMCが台湾北部(ファブ2、5、8、12)、中部(ファブ15)、南部(ファブ6、14、18)の3エリアにある大型ファブ[ファブ=半導体製造工場]と、五つの最先端パッケージング工場を指す。

これらの工場は、昼夜止まることなく稼働し、全世界、特に先進国の産業、商業、国防のニーズを満たしている。半導体チップの生産は、人類が半導体を発明してから70年の間に蓄積された知恵の結晶だ。巨大なファブは200億~300億米ドルをかけて建設されている。北部、中部、南部に広がるこれらのファブの総投資額は数千億米ドルにのぼり、30年以上にわたり磨き上げた高い生産技術を有する製造チームが、あらゆる分野で必要とされる主要な電子部品を全世界に供給する。そう考えると、TSMCは世界で唯一無二の存在であり、「神山」といえるのではないだろうか。

TSMCは偶然の産物だったと私は思っている。巨大な資本、大量の従業員、顧客は世界をリードする大企業ばかり。これらは周到な計画に基づいていたわけではない。私は創業者モリス・チャンに直接インタビューし、その背景と理由を聞いた。なぜチャンは54歳で米国から台湾に戻ることを選んだのか。なぜ彼は35年間も台湾に留まり続けているのか。そもそもモリス・チャンとはどのような人物なのか。台湾の行政トップと政府のハイテク施策トップがチャンに帰国を再三懇願したのは、モリスにどのような才能があるからなのか。これらの疑問に対する答えは、本書の第1章から第3章に記した。

ここ数年で、TSMCは国内外のメディアの注目を集めるようになった。その一挙一動は、台湾の株式市場だけでなく、世界の主要産業のサプライチェーンを安定的に運営できるかどうかにも影響を及ぼす。本書では、TSMCの基本的な実力《ファンダメンタルズ》を深く理解することができる。

強みはどこか、なぜそれほど強いのか、競合他社がなぜこの先10年間でＴＳＭＣに勝つことが難しいのか、その理由も明らかにする。また、ＴＳＭＣ株を保有する投資家は、ファウンドリーの競争優位性をしっかり理解する必要がある。本書の第４章と第５章では、ＴＳＭＣのコアバリューについて詳しく説明する。これらを知ることで、ＴＳＭＣの強さは最近の取り組みによるものだけではなく、時折起きる市場変動に踊らされることなく、設立から30年以上の時間をかけてトップから末端の従業員まで全員が築き上げたものであることがわかる。また、本書を１回、２回と十分に読み込んでいけば、世界トップクラスの競争相手がどのような戦略でＴＳＭＣに挑戦するのか、あるいはできないのかもはっきりするはずだ。

本書第４章では、ＴＳＭＣの七つの競争優位性について詳しく説明する。米国のインテル、韓国のサムスン電子、中国の中芯国際（ＳＭＩＣ）は虎視眈々とＴＳＭＣの座を狙っているが、この先10年間で、どの競争優位性に追いつく可能性があるのか。10年以上かけても越えられない競争優位性はどれなのか。本書の分析を読めば、おのずと理解できるだろう。

モリス・チャンが去ったらＴＳＭＣの経営は悪化し衰退するのだろうか。ＴＳＭＣの今後の発展に関心がある人なら、気になる話だ。本書では、モリスが築き上げた企業文化について数多く紹介している。本書を熟読すればＴＳＭＣの企業文化の核心とは何か、なぜそれが持続可能な経営への基盤になるのかへの理解を深められるだろう。企業文化は、従業員が暗

モリス・チャン（右側）を取材する著者（2015年）

唱するスローガンのことではない。台湾企業やアジアの企業がなかなか「100年企業」になれない理由は、カバナンスにおいて人による部分が大きすぎ、仕組み化するのが難しいからだ。モリスの退任後、TSMCが依然として強力な競争力を維持している理由の一つは、モリスがつくり上げた企業文化が組織の隅々まで浸透し、従業員の思考や行動様式になっているからだ。そのため、リーダーがつきっきりでなくても、従業員はいつも通りに行動できる。これはモリスの特筆すべき功績だ。

TSMCの台湾への貢献は、産業面以外にどのようなものがあるのだろうか。「環境、社会、ガバナンス（ESG）」という企業が追求すべき三つの目標において、具体的にどのような取り組みをしているのか。本書の第6章では、国際的なトップ企業となったTSMCが本業で利益を創出すること以外に、社会のためにしている拍手喝采を浴びるような感動的な取り組みについて具体例を挙げて説明する。

第二次世界大戦後、台湾は農業社会から工業社会に移行し、さらにハイテク産業を大きく発展させるまでに70年以上の歳月を要した。政府主導の経済プランは、最初の40年間は非常に効果的で、経済全体を一変させた。人口はわずか２３００万人ながら、国際連合に加盟する数百の国・地域と比較すると経済規模ではトップ20に入り、莫大な富と雇用の機会を創出した。ＴＳＭＣの設立と成長は、台湾の経済政策が重要な役割を果たしたことと、巨大化した産業が自由競争に向かっていることを物語っている。本書を読み終えた後、皆さんもきっと同じ感想を持つだろう。

第 1 章

護国神山、
TSMC

なぜTSMCは「台湾の守り神」と呼ばれるのか

台湾には一企業にして「国の守り神」と呼ばれる企業がある。正式社名は台湾積体電路製造股份有限公司、英語名はTSMCである。TSMCは半導体ファウンドリー〔ファウンドリーとは、半導体製造の「前工程」と呼ばれる部分を請け負い、顧客の設計データに基づき受託生産をするサービス〕の最大手企業で、創業は1987年2月、電気工学の博士号を持つ実業家モリス・チャン（張忠謀）が、台湾政府高官から依頼を受けて設立した（第2章1を参照）。2020年の売上高は1兆3000億台湾ドル、営業利益は5677億台湾ドルに達する。ここ10年の平均粗利益率は50％前後と高水準だ。資本金は2600億台湾ドル、年間で取引される株式数は約260億株（最低取引単位は1000株）で、その取引で国に支払われる営業税〔消費税〕だけでも年400億〜500億台湾ドルになる。これに数百万人の株主が支払う取引税、配当税、そして5万人以上の従業員が納める個人所得税を加えると、総額は年約1000億台湾ドルにのぼる。これは驚くべき金額の大きさだ。

長年、台湾の投資家は、台湾の株価指数〔台湾加権指数〕が1万ポイントを超えることを待ち望んでいた。20年横ばいだった株価指数は、２０１０年代後半に突然上がり始め、その勢いのまま1万ポイントを突破し、２０２１年には1万７０００ポイントを超えた。指数を押し上げた最大の原動力がＴＳＭＣであり、同社が台湾経済に与える影響は半端なく大きい。ＴＳＭＣ１社の時価総額は台湾の全上場企業の20％以上を占めている。なんというパワーなのだろうか。

ＴＳＭＣはなぜここまで大きく成長したのか。また、その力の源は何なのか。そしてなぜ同社は「護国神山《ごこくしんざん》」と呼ばれるようになったのか〔護国神山はＴＳＭＣの異名で、国を守る神を意味する。もともとは台湾を台風被害から守る東アジア有数の高山山脈「台湾中央山脈」を指す。ＴＳＭＣが経済、そして外交上の重要カードとなったことからこの呼び名が定着した〕。

この20年で半導体製造業界は競争が激化し、ＴＳＭＣのほかにも様々なプレーヤーがしのぎを削っている。主な企業は、韓国のサムスン電子、米国のインテルとＩＢＭとグローバルファウンドリーズ、中国の中芯国際集成電路製造（ＳＭＩＣ）とＨＳＭＣ（武漢弘芯）、台湾のＵＭＣ（聯華電子）などだ。いずれも各国政府が後押ししている有力企業だ。これらの企業の中で、中国、米国、日本、ドイツの4国から工場誘致の要請があるのはＴＳＭＣだけだ。

これは台湾メーカーにとって栄誉なことであり、ＴＳＭＣが「護国神山」と呼ばれるための資質の一つといえる。

２０２０年後半から２０２１年にかけて、米国、ドイツ、日本の自動車メーカーのトップがＴＳＭＣやＵＭＣの経営陣と緊急会談した。また、彼らは外交ルートを通じて台湾の経済部長（経産相に相当）である王美花や外務省関係者と会談し、ＴＳＭＣとＵＭＣの生産能力を引き上げるように要請した。それが叶わなければ、自動車製造に欠かせない半導体部品が不足し、自動車メーカーは「半導体供給待ち」となる。そうなれば生産はストップし、納車を待つ顧客が増えるばかりだ。人々の移動手段や物流、そして経済全体に影響が及ぶ。

自動車メーカーの例は、ファウンドリーが世界の幅広い産業にとって、生産や業績を左右する鍵となっていることを表している。特に、ＥＵは２０３５年までにガソリンなどで走るエンジン車の生産を禁止する方針を打ち出しており［環境に良い合成燃料で走るエンジン車は認められる方針］、これが米国、欧州、日本の電気自動車シフトを加速させている。テスラＣＥＯのイーロン・マスクは、未来の自動運転車を「道路を走るコンピューター」と表現した。彼の言うような自動運転（あるいは半自動運転）が可能な車を想像してみよう。自動運転に加えて安全性、快適性、利便性など様々な機能や能力を持たせようとするなら、車１台に１０００個を超える半導体チップを搭載する必要がある。将来、そのような車が年間５０００万台以上［世界全体の四輪車生産台数（２０２１年）は８０１４万台］販売されるようになった場合を考えると、ＴＳＭＣが抱えている潜在的な需要はきわめて大きいといえる。

ＴＳＭＣが「護国神山」と呼ばれるもう一つの理由がある。すでにＴＳＭＣは世界中の技術集約型産業に深く入りこんでいる。具体的には、コンピューター、エレクトロニクス、通信ネットワーク、精密機械、自動車（電気自動車を含む）、航空宇宙、国防関係、スマート家電など。これらの産業が生み出す製品の基幹部品の主要サプライヤーであり、私たちの身の回りにあるテクノロジー製品のほぼすべては、ＴＳＭＣなしには存在しないほど依存している。このようにファウンドリーは、多くの産業にとってきわめて重要な役割を担っている。中でもＴＳＭＣは、ファウンドリー市場で5割以上のシェアを誇り、他の十数社の生産能力を合わせても及ばない。つまり、ＴＳＭＣは、主要産業にとってなくてはならない中核企業だといえる。

次にＴＳＭＣの技術面を見ていこう。初期は5㎛（マイクロメートル。マイクロは１００万分の1）プロセスからスタートし、今や先端の5㎚プロセスに至っている。現在、台南・南部サイエンスパークの工場では、3㎚プロセスによる12インチウエハーの量産テストを行い、新竹サイエンスパークの宝山では、2㎚プロセスの工場をつくる計画が進んでいる。5㎚と3㎚プロセスにおいてはライバルを引き離し、世界のどの企業も真似できないレベルにある。スマートフォン、自動運転車、薄型軽量ノートＰＣ、ＡＩ、航空宇宙、防衛関連製品は、いずれもこうした先端技術に支えられている。ＴＳＭＣが抜きん出ているということは、ある意味、ファウンドリー産業を牽引しているといえる。もし、ＴＳＭＣが自然災害や電力供給不足など、予想外の理由で生産能力が落ちることになれば、先進国の大企業たちは大慌てするだろう。

皆さんは１９９９年9月21日に起きた「台湾９２１大地震」をご記憶だろうか。このような自然災害が発生するたびに、ＴＳＭＣには世界中の様々な業界の顧客企業、大国の軍事・航空部門、宇宙関連機関などから「生産委託している半導体の品質や納期に影響はないか」と問い合わせが殺到する。さらに米国の国会議員の中には、「ＴＳＭＣの操業が停止するようなことがあれば、米国の国防や宇宙、ハイテク産業に重大な影響が及ぶことになりかねない」との理由から、台湾を外部からの攻撃や占領から守らなければならないと主張する者もいる。これも「護国神山」たる特徴の一つだ。

さらに想像してみよう。普段利用している入退室を自動で管理するセキュリティー機器から エアコン、冷蔵庫、空気清浄機、テレビ、オーディオ、スマートフォン、ノートＰＣ、タブレット、ゲーム機まで、私たちの身の回りでは、家電製品や住設機器のスマート化が進んでいる。これらの機器の緻密な制御には、高度なプログラミングのソフトウエアが必要であり、それは機器の心臓部に数多くのＩＣチップが使われることを意味する。より薄く軽量、小型化する生活家電は、遠隔操作ができるようクラウドを通じて遠方にあるデータセンターと接続できるようになっている。技術が多様化・高度化すればするほど、ＩＣチップへの依存度は高まる。こうしたテクノロジーの動向を見ると、世界中に数万社あるＩＣ設計企業は様々な業界において途方もない大きさの潜在需要を持っている。個人消費者向け、家庭用、産業用、航空宇宙や軍事向けなど、幅広い分野のニーズを組み込んだＩＣの設計図は、ファウンドリーに引き渡され、ウエハー上に回路が形成されてようやく個々のＩＣチップになる。おそらく今後20～30年で、ＴＳＭＣと私たちの生活や社会全体の発展は、より密接に関わるようになるだろう。これはＴＳＭＣのビジネスが右肩上がりで拡大することを意味する。同社のエンジニアたちは一層技術を磨き、会社は研究開発や生産能力への投資を拡大させ続け、知的財産権が蓄積されていく。この「護国神山」を揺るがすことができるライバルはいるのだろうか。

ＴＳＭＣの三十数年の歴史を見ると、顧客が設計するＩＣの多様化と機能の高度化が進むにつれて、それに対応する形で同社の技術力もどんどん高まり続けている。ＴＳＭＣは世界金融危機後、２００９年から11年にわたり、年１５０億～２００億米ドルという巨額の資金を投じてナノスケールの超先端半導体の製造技術を確立し、新プラントを建設したのだが、これらはまるで台風の被害から国土を守る中央山脈のようだ。これにより、台湾の半導体産業は川上から川下まで空前の好景気がもたらされたからだ。

同時に、ＴＳＭＣが最先端半導体を安定かつ大量に供給することは、世界の先進技術を活用する産業やその技術革新を支えるだけでなく、最終製品の安定的な供給への貢献にもなり、それによって各メーカーが滞りなく生産に取り組めれば、人々の安定した豊かな生活にも貢献することにつながる。

この典型例が、アップルのiPhoneシリーズだ。iPhoneが人気なのは、カメラ、通話、動画視聴、録音、メッセージなどユーザーフレンドリーで魅力的な多機能性にある。この小さくスリムなスマートフォン１台にどれだけの高性能チップが使われているかを考えたことはあるだろうか。もしＴＳＭＣのプロセス技術が20㎚から５㎚に向上しなかったら、１～２年に一度、新型iPhoneが登場し、世界中の消費者に向けて大量に供給されることはなかっただろう。スマホの登場により、友達づくり、人とのコミュニケーション、ショッピング、娯楽など、これまで何千年も変わらなかった生活様式が一変した。その実現の背景には、大手携帯電話メーカーに高機能のチップを大量かつタイムリーに供給するため、性能向上と不良率の低減に熱心に取り組んだＴＳＭＣの何万人もの技術者の努力がある。

２０２０年初頭から新型コロナウイルス感染症が世界中にまん延し、多数の感染者と死者を出した。各国を結ぶ航空便はほぼ運行停止になり、人々の生活は大きな制約を課されるこ

TSMCの時価総額と世界ランキング（注1）

年月	台湾ドル（兆）	米ドル（億）	世界ランキング（上位100社）
2010年	1.84	600	――
2018年	6.6	2200	23
2019年	6.1	2060	37
2020年10月	16.5	4158	10
2021年1月	16.85	5550	8
2021年7月	15.3	5432	9

とになったが、もしインターネットやスマホ、パソコンがなかったらどうなっていただろうか。人々はデジタル環境のおかげで、仕事や会議、娯楽、ネット通販や食事のデリバリーなどのサービスを、家から一歩も出ずに享受できた。デジタルを使ったこうしたサービスがなければ、何カ月も家に閉じこもって生活することなどできなかったはずだ。このデジタル環境を支えるのが、ＴＳＭＣをはじめとする川上から川下までの半導体産業だ。

２００７年にアップルから初代iPhoneが発売されて以来、インターネット、ＳＮＳ、アプリ、そして物販や物流サービスなどを融合させた様々なサービスが登場し、「スマホ１台で、あらゆる楽しみをその手の中に」「スマホさえあれば、何でもできる」という状況がつくり出された。こうしてスペイン風邪「１９１８～１９２０年」以来、１００年ぶりのパンデミックにおいて、人々は退屈を恐れずステイホームを受け入れることができたといえる。振り返ると、半導体を中心とすることの20年の技術革新が、コロナ禍の中で人々が生活や仕事で必要とするものを与えたわけであり、なんという偶然かと驚いてしまう。

2 業界トップランナーへの道

1960年代、台湾は伝統産業からいわゆるハイテク産業への転換期を迎えた。そのきっかけとなったのが一般に半導体として知られるICの出現と応用だ。1948年、米国のベル研究所が半導体の特性を用いて世界初のトランジスタをつくり、「半導体時代」の幕が切って落とされた。ゲルマニウム・トランジスタ（モリスがMIT卒業後に最初に就職したシルバニア・エレクトリックの主力製品だった）に始まり、次にシリコン・トランジスタ（モリスが次に就職したテキサス・インスツルメンツ（TI）が発明）、そして1958年にロバート・ノイス［TIの技術者］とジャック・キルビーが相次いで「集積回路」を発明し、これが主流になっている。その後、半導体は「ロジック」「中央演算処理装置（CPU）」「メモリー」の大きく三つに分かれて発展した。モリスが働き盛りの25年間を、半導体業界で二度も革命的製品を生み出したＴＩで過ごしたことは幸運だった。

１９７０年代のＩＣブームは、ＩＢＭ、ＴＩ、ジェネラル・インストゥルメント（ＧＩ）の３社が牽引していた。ＩＣの活用が航空・宇宙産業や軍事産業から徐々に民間用途へと移行し、最初に大量に使用されたのはメーンフレーム・コンピューターだった。１９８０年代に、米アップルが画期的な家庭用コンピューター、マッキントッシュを、ＩＢＭがオープンアーキテクチャーのパソコンを発売して以降、産業用だけでなく個人や家庭向けにコンピューターが普及していき、世の中で使われる半導体の数は爆発的に増加した。

コンピューターの用途が多様化し、生活に欠かせない存在になるにつれ、半導体の「設計」が重視されるようになり、１９７０年代前半には半導体の設計を担う企業が活況を見せ始めた。米国西海岸のシリコンバレー、東海岸のボストン、そしてテキサスなどに、半導体設計を専門とするファブレス企業が次々と誕生した。

一方、半導体の設計から製造（ファウンドリー、パッケージング、テスト）まですべてを自社で運営するＩＤＭ（垂直統合型デバイスメーカー）も続々と登場した。その代表格はＩＢＭ、インテル、ＡＭＤで、これらの新興企業の台頭により、老舗半導体メーカーのＴＩ、ＧＩ、ＲＣＡなどは勢いを失っていった。

１９８７年に設立されたＴＳＭＣは、「設計」「ＩＤＭ」という既存のビジネスモデルと決別し、誕生から30年足らずの半導体産業でまったく新しいアプローチである「ファウンドリー専業」のビジネスモデルを導入した。実は創業当初のＴＳＭＣは、大手半導体メーカーからは相手にされなかった。当時はＩＤＭが成功していたため、ＩＢＭやインテルの専門家は、「この手のファウンドリー専業メーカーは、ローエンド向けのチップしかつくれないだろう」と高をくくっていた。インテルが初めてＴＳＭＣに発注しようとしたのは、粗利益率の低さが問題になっていた「二流」か「三流」の製品だった。しかし、発注前にインテルの専門家がＴＳＭＣの6インチのウエハー工場を視察したところ、製造プロセスに多くの欠点が見つかったため、結局、発注には至らなかった。

これがモリスの闘志に火をつけた。曽繁城をリーダーとする工場立ち上げチームが約1年をかけ、製造プロセスの一つひとつを改善し、インテルの専門家を招いて2回目の審査を受けた。結果は合格となり、インテルから初めての受注が実現した。それはモリスにとって、3000人規模の組織のトップを務め、最先端の技術開発を指揮していたＴＩ時代とはまるで違う状況だった。

ＴＳＭＣが三流製品の生産を請け負う「ローエンド・ファウンドリー」のイメージから脱却するきっかけになったのは、1998年にエヌビディアから高性能グラフィックチップの製造を受注したことに始まる（第4章3を参照）。

大企業のマネジメントとベンチャーの創業はまったく異なる。モリスも他のベンチャー創業者と同様、生産から営業まであらゆる業務をゼロから始め、数多くの障壁にぶつかった。しかしそこで、半導体業界におけるモリスの29年の経験がモノを言った（第3章2と3を参照）。彼が築き上げた人脈や市場感覚、豊富なマネジメント経験が、他のベンチャー企業にはない困難を乗り越える力となり、TSMCを驚異的なスピード成長に導いた。その手腕は実に見事だった。

多くの専門家や学者、ビジネスパーソンは、「受託製造」という言葉に惑わされ、ファウンドリーを従来の製造業で行われている単純な組立工程にすぎないと考えていた。そのため、ファウンドリー企業の高度な技術力や精密性、難易度の高さが過小評価されがちだった。どういうことかというと、シリコンウエハーがシリコンチップになり、ICになって顧客に届くまでには数百から数千の工程がある。その工程の一つに少しの誤差があっても許されないということだ。その誤差とは、インピーダンス〔交流回路における電気抵抗〕の0・001レベルのごくわずかな誤差かもしれない。それがあるだけでも、パイロット生産の歩留まり率は30~40%にまで落ち込む。これでは量産は始められない。

何百、何千もの工程のパラメーターに生じた微小な誤差はすべて克服し、設計通りに製造する必要がある。最終的には、歩留まり率99・9%以上が達成できて初めて量産成功と呼ばれる。これは大変なことだ。そのためファウンドリーには、物理学、電気工学、化学、機械学の専門家で、研究開発や製造に10年以上の経験がある一流の頭脳が求められる。

ファウンドリーのビジネスモデルにおいて、技術面に関しては三つの重要な段階がある。第一はＩＣ設計企業が求める、より小さく、より速く、より省電力の部品を提供するための技術開発、第二は歩留まり率の向上、第三は量産化段階での短納期と安定した品質（歩留まり率99・９％以上の維持）を指す。特に後者の二つは競争力に直結し、ＴＳＭＣの経営の強みになっている。

今後、あなたが「ファウンドリー否定派」に会ったら、ぜひこの話をしてみてほしい。30年の時を経て、ＴＳＭＣはＩＢＭ、インテル、ＴＩ、ＧＩという老舗メーカーの脅威となり、創業当時、ファウンドリーというビジネスモデルを軽視していた米国企業の鼻を明かした。ＴＳＭＣは創業３年目から30年にわたって高成長を続け、収益も拡大している。小さなベンチャー企業から大企業に変貌を遂げ、その時価総額も膨らみ続け、世界の半導体製造業のトップに躍り出た。ＴＳＭＣの今の姿は、30年前に同社を相手にもしなかった海外企業の経営者にとってまったく考えられないものだった。

２０２１年３月現在、ＴＳＭＣの時価総額は５８００億米ドルを超え、世界９位にランクされる。「投資の神様」で知られるウォーレン・バフェットの投資会社バークシャー・ハサウェイより順位は一つ上で、半導体メーカーではトップだ。かつてＴＳＭＣへの投資を渋ったインテルの時価総額は２３００億米ドルとＴＳＭＣの半分以下、ＩＢＭは１１５９億米ドル、モリスの古巣であるＴＩは１５００億米ドルだった。創業当初、ＴＳＭＣは各国企業から軽視されていたため、当初は資金調達に苦労し（第2章2と3を参照）、海外企業に見下されていたが、２０２１年、この創業わずか34年の企業の時価総額は、そうした大企業たちを越えた。まさに栄枯盛衰、諸行無常である。

実は１９６０年代から数万人の台湾人が米国に渡って半導体産業で働き、１９８０～２０１０年の間に台湾に帰国し、半導体産業で成功を収めた。これは米国の大手半導体企業の国際化と人材育成のおかげといえる。１９８７年に私が「ＶＬＳＩ（超大規模集積回路）分野における国家級半導体計画」について報じた時、それが33年後に国の「守り神」となり、年間１０００億～２０００億米ドルの産業に発展するとは夢にも思わなかった。台湾を守る神になったのだ。

では、ＴＳＭＣはいかにして、サムスン電子、グローバルファウンドリーズ、ＩＢＭ、インテルを追い抜いていったのだろうか。鍵となったこの十数年を見ていこう。

世界金融危機直後の２００９年、モリスはＴＳＭＣの会長からＣＥＯに復帰した。その頃、ＩＢＭ、インテル、サムスン電子ら半導体大手は自信満々だった（第5章3を参照）。彼らはファウンドリー分野に数百億ドルを投資し、世界から優秀な人材を大量に採用しＴＳＭＣに取って代わるとメディアを通じて語っていた。実際、最初にＩＢＭ、次にインテルとサムスン電子、最後には世界最大級の投資資金を誇るアブダビの政府系ファンドが出資したグローバルファウンドリーズが、ファウンドリー分野でＴＳＭＣに対抗するための多額の投資をすると発表した。実際のところ、こうした企業の資金力と技術力はどうだったのか。いずれも特定の分野では圧倒的な強さを誇り、発表はリップサービスではなかったはずだ。だが1年、また1年と過ぎるうちにＴＳＭＣとの差は拡大し、人材・技術力、生産管理、設備投資という企業の競争力に欠かせない三要素のうち、ＴＳＭＣに二つないしは三つとも負けていた。

結果はどうなったかというと、打倒ＴＳＭＣを掲げて参入したＩＢＭは、3年もたたないうちにファウンドリー分野から撤退した。サムスン電子は12㎚プロセスでＴＳＭＣに挑み、アップルからiPhoneシリーズのハイエンドモデル向け半導体の大量発注を期待したが、歩留まり率の引き上げに苦戦し、供給開始に遅れが出た。結局、iPhoneの旧機種向けのチップを、価格を引き下げて受注するに留まった。ＴＳＭＣの最大のライバルであるインテルは２０１７年に7㎚プロセスの技術開発に取り組んだが、3年を費やしても歩留まり率を上げられなかった。その間に、ＣＰＵ分野で競合するＡＭＤは、ＴＳＭＣへの生産委託により7㎚プロセスの大量生産が可能となり、市場シェアにおいてインテルに20％の差をつけることができた。

その一方で、２００９年にＴＳＭＣのＣＥＯに復帰したモリスは、（取締役会も含め）様々な反対意見を退け、毎年１００億～２００億米ドルの投資を続け、生産能力において競合との差は一段と広がっていった。さらに技術面では「ムーアの法則」(注2)を打ち破って総統科学賞［台湾で最も権威がある科学賞］を受けた余振華（ダグラス・ユー）副社長の研究のように、技術的ブレークスルーや多数の経験豊かな人材の育成、知的財産の創出などで先頭を走り続けた。これによって、多角的な競争優位を築くという卓越した成果を上げた。

もう一つ重要な話がある。サムスングループが、顧客とシェアを争うという誤った戦略をとったことだ（第5章3を参照）。ＴＳＭＣではモリスが創業当初から「目指すのは専業ファウンドリーであり、顧客とシェア争いはしない」方針を貫いていた。半導体サプライチェーンにおいて、川上のすべての半導体設計企業の良きパートナーであり、一緒に仕事をすればするほど互いの信頼関係が増し、分業が緊密になっていく。ＩＣチップの垂直分業において、ＴＳＭＣはハイエンドチップの歩留まり率向上の研究開発に関連してハイエンド向けのパッケージング技術を少しだけ保持している。しかし、ミドルレンジやローエンドのパッケージングやテストには多額の投資をしてこなかったため、台湾の日月光半導体や矽品精密工業（シリコンウエア・プレシジョン・インダストリーズ）、京元電子といったパッケージングやテストを手がける企業が大きく成長できた。その結果、川上から川下までそろったファウンドリーの強力なサプライチェーンが台湾に構築されることになった。

２０２１年3月17日、サムスン電子ＣＥＯ（当時）の金奇南《キム・ギナム》は株主総会で、ファウンドリーの生産能力と顧客数はいずれもＴＳＭＣに水をあけられているが７㎚と５㎚プロセスでは決して後れをとっていないと述べた。実は、ＴＳＭＣと12㎚プロセスの量産を競っていた3、4年前も、サムスン電子の経営陣らは「ＴＳＭＣを超える自信がある」と言っていた。しかし、サムスンの願いは実現せず、アップルからの注文の大半はＴＳＭＣに流れた。技術メディアサイト『インサイド』によると、７㎚プロセスから上の技術を持っているのは、ＴＳＭＣ、サムスン電子、インテルのみだという。

では今後10年で、この3大メーカーの争いを制するのはどこだろうか。詳しくは第5章3で述べるが、ここでは四つの視点で3社を比較してみよう。

視点 1　研究開発と生産技術

創業以来、ＴＳＭＣは人材と研究開発に莫大な投資を続け、半導体製造に関する10万件以上の特許技術を開発した。特にこの10年は、競合他社が巨額な資金を投じて追いつけないよう、特許の「数」より「質」を重視し「特許」による壁を築き上げようとしてきた。モリスは若き日に、半導体産業の最初の発展期に三つの企業で異なる製品や規模、仕事内容を経験することを通じて、半導体技術について深く理解し、市場への観察眼を養った。

モリスは市場の動向を見極める鋭い感覚を持っている。TSMCの創業期、その後20年以上続いた急成長期、そして巨大企業になった今も、技術の研鑽を怠ることは決してない。だからこそ、経営者の最新技術に対する理解が不十分だったため誤った意思決定を下すという失敗を犯すことがなかった。

7、8年前、TSMCの余振華副社長がモリスに2・5D（次元）／3D積層技術の研究開発計画について説明した際、モリスはこの技術に成功すればTSMCの優位性は飛躍的に向上すると確信し、全面的なサポートを約束した。

モリスの支持を得た余振華は約100人の専門チームを率いて研究を続け、3年後［2016年］、ついに開発は成功し、すでに極小化が進んでいたICチップの集積技術にブレークスルーをもたらした。集積技術が3次元（立体）へと発展することで、チップ容量の限界を突破することが可能になった。この画期的な研究開発の成功によって、余振華は総統科学賞を受賞し、最大のライバルであるインテルやサムスン電子との技術格差も広がった。

同時に、同社の法務部も早い時期から大量の「攻撃力のある」特許を出願しており、この先端半導体技術の開発成功は、数十年にわたり業界に君臨し続けてきた巨人インテルとの戦いにおいても重要な意味を持つものとなった。

振り返って考えてみると、ＴＳＭＣの技術力の強みは、ムーアの法則のペースで長年にわたって技術革新を進められる能力にある。ライバルのサムスン電子と比較すると、両者の力の差はそう大きくない時期が長く続いたが、２０１５年を境に、16㎚プロセスの生産技術で大きな差がつき始めた。２０１６年、ＴＳＭＣは台中と新竹の工場で12インチ10㎚プロセスの量産を開始したが、サムスンは量産化に不可欠な歩留まり率を確保できずにいた。その結果、12インチ10㎚プロセスのチップを最も多く使うアップルは、iPhone 8以降のすべての新モデルに使う先端半導体チップをＴＳＭＣに発注した。これによりサムスンを一気に引き離したＴＳＭＣは、２０１８年に売上高が１兆台湾ドルの大台を突破し、１兆３１０億台湾ドルに達した。

現在、10㎚プロセスより微細な7㎚、5㎚、3㎚プロセスではＴＳＭＣがサムスン電子をリードしている。また、7㎚と5㎚の量産に関しては、この業界で30年トップを走ってきたインテルも追い越している。さらにＴＳＭＣは、2㎚プロセスの量産プロジェクトを進めており、新竹宝山で用地を確保し、今後3～4年で１０００億米ドルを投資する見通しだ。この先手を打つ姿勢は、モリスが一線を退いた後も、後継者のマーク・リウ会長とＣ・Ｃ・ウエイCEOが、従来と同じ方針でTSMCを率いていくことを意味している。実際に2018年のモリスのCEO退任後も、TSMCは成長を続けている。現在の経営陣は過去の栄光におごることなく、謙虚な姿勢で卓越した成果を出している。短期的な利益を追い求めて動く欧米の大企業のCEOとはまったく異なる。

さらに詳しく見ると、新竹と台中で10㎚プロセスの工場がフル稼働しているほか、台中では7㎚、台南・南部サイエンスパークでは5㎚プロセスが量産体制に入っている。そして2021年後半には、南部サイエンスパークで12インチの3㎚プロセスの工場が試運転を始めた。つまり、業界2位の技術を1世代〜1・5世代引き離し、業界3位以下は10㎚以下の技術開発と投資をすでに放棄している状態だ。こうしたことから考えると、TSMCの技術レベルは国内外のファウンドリーよりはるかに高く、少なくとも3年先を行っていると言って過言ではない。

視点2 TSMCの知的財産戦略

TSMCは非常に早い時期から戦略的に知的財産権の取得や保護に取り組んできた。モリスは米国を代表する半導体企業3社での勤務経験を通じて、特許の出願・侵害に関する紛争や、同業他社間で盛んに行われるヘッドハンティングによって他社に技術が流出するのを目の当たりにしてきた。そこでＴＳＭＣでは、特許や機密情報、商標などの知的財産権を守るために厳格なルールを制定した。

ＴＳＭＣは台湾で最高額の研究予算とチームを備えていることに加え、長年蓄積してきた叡智の結晶を守り、競合を引き離すため、毎年数千件の特許を出願し、欧米で取得した特許権は10万件を超える。前述のように、２０１０年以降は特許出願では量より質を重視する戦略を立て、社内に特許審査委員会を設置した。この委員会では毎年、数万人の技術者が提出してくる特許の計画を審査し、出願先の国を決定する。また、委員会には取得した特許権を維持するかどうかを検討する役割もある。保有する特許数が増えればその維持にも相当な費用がかかるため、商業的利用が見込めない特許は戦略的に更新を見送る。こうして保有する特許の競争力を高めている。

さらに重要なのは、「知財技術共有センター」を設立したことだ。ここには、保有する膨大な数の特許技術のほか、各種プロセスの研究開発ノウハウ、歩留まり率の改善方法や経験が蓄積されている。ＴＳＭＣの顧客（取引先）は、このセンターのシステムにアクセスし、情報を利用することが可能だ。特許技術と経験の共有は、ＴＳＭＣと顧客の関係をより緊密にする。顧客にとっては、ＴＳＭＣのノウハウを活用することでＩＣ設計・開発の期間を大

TSMC、インテル、サムスン電子の設備投資額の比較(2019〜2024年)(注3)

単位（億米ドル）

年	TSMC	インテル	サムスン電子（*1）
2019	150	150以下	50-80
2020	160	150以下	50-70
2021	250-280	110（アリゾナ）	150（テキサス工場）
2022	360	100+100（イスラエル）	120
2023	370	200	120
2024	270		120

*1:純粋なファウンドリーへの投資額で、メモリーICへの投資は含まない。
（出典）財訊、経済日報、韓国のメディア報道などをもとに作成（2021年6月）

幅に短縮でき、競合他社より2〜3カ月早く製品化が可能になり、TSMCにとっては顧客の囲い込みにつながる。知財は、ライバルのインテルやサムスン電子、その他のファウンドリーに対抗するための非常に重要な戦略的武器なのだ。

視点 3 他社をしのぐ投資額

上の表は、2019年から2024年までのTSMCの設備投資額を、私が収集したインテルとサムスン電子のデータと比較したものだ。サムスン電子はメモリーICの研究開発・製造の比重がファウンドリーよりかなり大きい。ファウンドリーへの投資だけを見ると、TSMCのほうが多い。また、累積投資額で比較すると、TSMCの投資額はライバル2社よりも大きいことがわかる。

視点 4 市場の掌握と経験豊富な人材

TSMCがこの10年で構築したAIマーケティング・データベースシステム（第4章4を参照）は、顧客であるIC設計企業が新たな市場分野に参入するのを支援したり、既存製品の生産能力をタイムリーに調整したりすることができるため、近年のもう一つの競争優位性になっている。TSMCの1万～2万人のシニア技術チームは、半導体業界の中で抜きん出た能力を持つ人材の宝庫だ。これについては、第4章1で詳しく説明する。

3 TSMC現象

TSMCは1987年2月の設立以来、モリスの指揮のもとで30年以上、赤字を出したことがほとんどなく、この驚くべき業績とそれを支えた組織体制に台湾のマスコミが注目した。特に、資本金と売上高の規模において「それまでの大企業の常識」を打ち破り、粗利益率50

%前後という驚異的な高水準を維持し続けている。台湾の経済誌『天下雑誌』（2021年723号）の製造業1000社調査によると、2020年のTSMCの税引き後純利益は5178億台湾ドルだった。「経営の神様」こと王永慶が設立した台湾プラスチックグループ（台湾プラスチック、南亜プラスチック、台湾化学繊維、フォルモサ・ペトロケミカル（台塑石化））の税引き後純利益の合計は726億台湾ドル、台湾金融最大手の富邦グループ傘下の富邦人寿保険、台北富邦銀行、富邦証券、富邦産物保険、台湾モバイル、MOMO COMの税引き後純利益の合計は1021億台湾ドルだった。富邦グループの税引き後純利益は台湾プラスチックグループより3割ほど上回るが、TSMCの19・7％にすぎない。

これだけ利益を上げていると、気になるのは給与面だろう。TSMCのベテラン技術者の場合、給与、配当、ボーナスを合わせた年収は300万〜400万台湾ドル、また、年収が1000万台湾ドル以上の上級幹部が少なくとも1000名はいる。だが、モリスをはじめとする経営陣は、富を誇示することなく謙虚な姿勢を貫いており、メディアから批判されたこともない。彼らの経営能力の高さと道徳心は、台湾の経済界では経営者や管理職の手本として学びの対象となったほか、一般市民の間でも大きな話題になった。その結果、「TSMC現象」と呼ばれる社会現象が巻き起こった。いくつかの興味深い例を紹介しよう。

TSMC現象

工場進出先地域の平均月収が全国1位に

2020年7月28日の台湾『経済日報』によると、台湾各都市の被雇用者の平均月収は4万5866台湾ドルだったが、新竹県の平均月収は、台北都市圏をしのぐ4万7444台湾ドルだった。その理由は、新竹県の竹北市と竹東鎮にまたがる新竹サイエンスパークを中心とする数十平方キロメートルにわたる地域に、半導体製造集積地が形成されているからだ。この10年で、TSMCのほかUMC、Nanya（南亜科技）、ウィンボンド（華邦電子）などのファウンドリーと数百もの半導体設計企業が進出し、緊密に連携して現地に共栄圏を築いた。それによって、これらの企業で働く数十万人の従業員の給与が大きく上昇し、新竹県の平均月収が高くなるという現象が起きた。

新竹市の関新里［里は台湾の行政区分の一つ］と竹北市の東平里にはそれぞれ1万人の居住者がいるが、2020年6月の報道によると、関新里の平均年収は252万台湾ドル、東平里では196万台湾ドルとなり、台湾全土の里村別平均年収の1位と2位に輝いた。

実際に現地を訪ねてみると、両エリアの住宅の坪単価は安くて20万台湾ドル、高いところだと30万～40万台湾ドルに達し、土地面積が100坪を超えることはまれだ。街中にはおいしいレストランが建ち並ぶが、高級住宅街には見えない。なぜ、両エリアの住民の収入はこんなに高いのか（これらのデータは、国税局発表の納税記録から推測した平均所得額だ）。

理由は、両エリアの住民のうち8～9割が新竹サイエンスパークに勤務しているからだ。その中には、経営者や中・上級幹部もいるが、最も多いのは技術者で、その多くをＴＳＭＣと同社の顧客であるＩＣ設計企業の技術者が占めている。台湾の日刊紙『自由時報』が２０２１年３月６日に発表したデータによると、ＴＳＭＣの大学院卒の年収は１７６万台湾ドルだという。また、キャリア15年の若手幹部の平均年収は３００万台湾ドル以上で、副所長から上級副社長レベルになると年収は５００万～５０００万台湾ドルに達する。このように給与水準から見ても国際競争力を十分に持っていることがわかる。

さらに、２０２０年11月にＴＳＭＣは、２０２１年１月から給与を平均20％引き上げると発表した。新竹の２エリアでは平均収入の記録更新が見込まれ、特に多くの技術者を有する東平里では、平均年収が２００万台湾ドルを超えるのは時間の問題だ。彼らの年収は今後も上がり続けるだろう。平均年収が最も高い地域はいずれも新竹県だが、ここ２年で第６位に浮上してきたのが、台南市善化区の蓮潭里で、平均年収は１６８・７万台湾ドルだった。その理由は、ＴＳＭＣの７㎚と５㎚プロセスを製造する二つの工場が、善化区の台南・南部サイエンスパークに新設されたからだ。科技部（現・国家科学・技術委員会）南部サイエンスパーク管理局の2021年の調査によると、同サイエンスパークで働く技術者の2018年の平均月収は2・8万〜3万台湾ドルだったが、2020年には5万台湾ドルに跳ね上がった。最大の功労者はTSMCであり、また同社が引き連れてきたASMLやアプライド・マテリアルズという外資系大企業の工場も貢献した。TSMCの影響力の大きさには驚かされるばかりだ。

TSMCは2016年以降、最先端の5㎚プロセスの工場を南部サイエンスパークに建設した。工場新設に伴い、この5年で現地にやってきた高給与のハイテク人材はサプライチェーンの川上から川下まで合わせて1万人以上にのぼる。2022年に3㎚プロセスの量産を開始する予定で、需要が旺盛であることからサプライチェーン全体でさらに8000人を増員する。台南・南部サイエンスパークの新工場は、台湾の理系名門大学である国立の台湾大学、清華大学、陽明交通大学、成功大学、台湾科技大学の大学院を卒業しなければ就職は非常に難しい。将来、台南・南部サイエンスパークは新竹サイエンスパークと並んで2大ファウンドリー集積地になるだろう。規模も技術者の平均年収もすでに台中・中部サイエンスパークを超え、竹北のレベルに迫っている。

米シリコンバレーや中国・北京のほうが、台湾よりも物価（住居費、食費、交通費）や税金の額が高いことを勘案すると、台湾の実質所得はさらに10〜20％高くなる。(注4) そのため、米中韓のライバル企業がＴＳＭＣから人材を引き抜こうとしても、上級幹部やシニアの技術者であるほど難しいだろう。

TSMC現象2 市場シェア5割超でも独禁法違反にならない

米フェイスブック（現・メタ）や米グーグルをはじめとする超巨大ＩＴ企業は、米司法省から反トラスト法（独占禁止法）違反で提訴されるリスクを負うようになった。提訴されれば、事業分割を迫られるおそれもある。かつて通信業の巨人ＡＴ＆Ｔは、反トラスト法違反で提訴され、強制的に6分割された結果、通信業世界最大手の地位を失った。４大ネット企業であるいわゆるＦＡＮＧ（フェイスブック、アマゾン、ネットフリックス、グーグル）にとって、反トラスト法の脅威は決して小さくない。

ＴＳＭＣのウエハーファウンドリー業界における市場シェアは5割以上で、業界2位のグローバルファウンドリーズとサムスン電子を大きく引き離している。それなのに、なぜＴＳＭＣは米国や他の技術大国から独占禁止法違反で提訴されないのだろうか。これはとても興味深い問題だ。その答えは、ＴＳＭＣが世界中のハイテク企業、電機メーカー、ＩＣ設計企業から製品の製造を請け負うファウンドリーだからだ。例えばアップルは、ＴＳＭＣに製造を委託した半導体をiPhoneやiPad、Apple Watchに組み込んで世界中の消費者に販売する。ＴＳＭＣが最終消費者と直接取引することはないため、市場が独占される問題は発生しない。

では、Ｂ２Ｂ（企業間取引）で独占禁止法違反のリスクはあるのだろうか。答えはノーだ。ＴＳＭＣは取引先との合意のもと、受託製造をしているだけであり、製品はＴＳＭＣのものではない。ＴＳＭＣが持っているのは高度なプロセス技術と生産能力だけだ。また、ＴＳＭＣは広告も打たなければ、展示会も行わない。年に一度の技術フォーラムで自社の新技術の成果を発表している程度だ。つまり、顧客が自発的にＴＳＭＣを選んでいる。さらに、ＴＳＭＣは競合から顧客を奪うため意図的に価格を引き下げることはない。それどころか、顧客企業はＴＳＭＣの優れた技術と高い歩留まり率、そして遅滞のない納期を期待し、あえて高い価格でも生産を委託する。ＴＳＭＣのスタイルは、独禁法とは無縁である。

TSMC現象 3 衣食住関連のあらゆる産業が活性化

三つ目のＴＳＭＣ現象は住宅価格だ。ここ20年あまりで、ＴＳＭＣは台湾の北部・中部・南部に８インチから10インチ、12インチまで10カ所以上の工場を新設し、その規模は年々大きくなり、投資額は数百億米ドル規模に達する。工場を新設する場合、最初の１、２年は建屋の建設のほか、電気、水道、ガス、空調などの工事があり、その後、事務機器や生産設備の設置が始まる。建設には1日当たり1000人以上が携わるため、現地の不動産会社やレストラン、日用品の販売店は客が増えて繁盛し、交通量も増える。工場が完成する頃には、工場で働く数千人のスタッフの住宅需要を見込んで、現地の不動産会社はマンションを建設したり、中古住宅をリノベーションしたりしてバリューアップする。こうして工場付近の住宅は、質と価格が上がっていく。新竹県竹北市の場合、20年前なら平均住宅価格は1坪当たり10万台湾ドル前後だったが、その後、マンションが次々と建設されるようになり、12万ドル、15万ドル、20万ドルと上がっていき、今では30万台湾ドルを超えるようになった。近年では、高層マンションの場合、1戸当たり4000万～5000万台湾ドルという物件も珍しくない。何百棟もの美しいビルが建ち並ぶ姿は、台湾随一の繁華街・台北市信義区にいるのかと錯覚するほどだ。

台中でも台南でも、TSMCの工場建設が決まると現地の不動産価格は上昇した。私が台南市善化区のハイテク企業関係者に取材したところ、1坪当たりの平均住宅価格は、2018年の11万～12万台湾ドルから2021年には20万～30万台湾ドルへと驚異的な上昇を見せたという。実はこの20～30年、台南の不動産価格は横ばい状態だったが、TSMCをはじめとする半導体企業が最先端の複数の工場を新設したことにより、その集積効果によって地価は押し上げられた。

ＴＳＭＣの恩恵を受けたのは住宅を提供する不動産会社だけではない。台南や台中郊外にある中部サイエンスパークの2工場に従業員とその家族が移り住むと、地元のレストランやカフェから衣料品店、幼稚園、交通サービスまで、衣食住に関連するすべての産業が潤い、提供サービスの質・量ともに上がっていった。ＴＳＭＣ関係者の消費力は非常に旺盛だ。地元の市民によると、客単価が１０００～２０００台湾ドルの高級レストランがサイエンスパークのハイテク企業関係者で満席になり、レストランのほか美容室やスーパーマーケットも盛況だという。

新竹サイエンスパークがある竹北エリアの住宅価格は２０１０～２０２１年の間に平均で6割強も上昇している。台南・南部サイエンスパークから車で10分ほどの距離にある善化区には、近代的なビルやマンションが数十棟建ち並ぶ。この3年足らずで住宅価格が5割を超えて上昇したのは驚きだが、３㎚プロセスの量産が始まる頃には、住宅価格が再び大きく上昇すると予測されている。30年近く不動産価格が低迷していた台南では前代未聞の光景だ。

TSMC現象 4

沸き起こるTSMC株ブーム

第4のTSMC現象は、台湾の株式市場で起きた。

1980年代、台湾では重工業やハイテク産業などが立ち上がり、GDPが年2桁成長する経済発展を遂げ、株価指数が2万ポイントを突破したこともあった。しかし、その後、株価指数は一転して1万ポイントを割り込み、20年あまり横ばい状態が続いた。2020年、台湾が新型コロナウイルスの封じ込めに成功し、海外から台湾のビジネスパーソンの帰還が進んだという二つの要因により、いわゆる「アジア四小龍〔韓国、台湾、香港、シンガポール〕」の中で台湾の半導体産業とICT分野は当時のトレンドとは逆行して成長を遂げ、その勢いを受けて台湾株も上昇し、株価指数は1万ポイントを突破後、2020年後半には一時1万7000ポイントを記録した。

この流れを牽引したのは、もちろん半導体産業だ。数百社ある半導体企業の中でも、特にTSMCと、IC設計大手のメディアテックの勢いには目を見張るものがある。TSMCの株価は2019年に250台湾ドルから倍額の500台湾ドルに跳ね上がった。証券アナリストはこれで高止まりしたと考えたがその予想は外れ、その後3カ月で株価は600台湾ドルに乗せた。発行済み株式数が260億株クラスの巨大企業であれば、莫大な資金力を持つ外国人投資家が売買の中心であり株価は緩やかに上昇していくのが普通だが、この時はわずか90日で100台湾ドルも値上がりするという、誰も予想できない展開だった。

さらに予想外の出来事が起きる。2020年下半期に単元未満〔1000株未満〕で株式を取引できる制度が導入され、手持ち資金が少ない若者でもTSMC株を購入できるようになった。TSMCの株式を持つことが一種のブームとなり、株主数は瞬く間に101万人を超え、台湾で株主数第1位の企業となった。TSMCは「全台湾人のTSMC」と言っても過言ではないだろう。

2021年のTSMCの株価動向は、米国での大統領選挙や、国内外の新型コロナウイルスの感染者数の増加が収束せず株価が世界的に下落した影響を受け、600台湾ドル前後で落ち着いていたが、それでも時価総額は5500億米ドル前後を維持し、依然として世界トップ10に入っている。(注1)

今の若い世代には想像がつかないかもしれないが、30~40年前、台湾の株式市場に上場する企業は200~300社しかなかった。投資に関する情報も限られており、参考にできるのは経済紙かテレビに出ている証券アナリストぐらいだった。

過去には、道徳心に欠ける企業や投資家が、経済記者や証券アナリスト、投資グループと結託して株価を操作することがよくあった。彼らは特定の銘柄を大量に購入し、メディアに偽のポジティブな情報を流して一般の投資家に購入を促し、株価を吊り上げた後、自ら保有する株を売り抜け多額の利益を得ていた。損をするのは残された株主たちだ。中には、全財産を失う者までいた。

このような現象は、株式市場にエイサー、UMC、TSMCなどのハイテク企業が登場するまで続いた。これらハイテク企業は株価操作などにくみせず、研究開発と事業の拡大に勤しみ、本業で利益を得る「まとも」な企業だ。彼らの登場は、台湾の株式市場におけるメディアによる情報独占と、それを利用した株価操作という異常事態に終止符を打った。そして彼らの業績は海外からも注目され、外国人投資家の市場参入につながった。その後、台湾では、ハイテク企業の成長、拡大、上場が続き、その結果、台湾の株式市場に上場する企業は約2000社に増加した。台湾では現在も、上場企業の経営トップや投資家などが特定の銘柄に投機する事件が毎年1、2件起きているが、以前と比べるとかなり健全な姿になったといえる。

ここまで「TSMC現象」として、所得の向上、独禁法違反にならない理由、住宅価格の上昇、大量の株主誕生を紹介したが、「TSMC現象」はメディアでも起きている。台湾では経済紙、雑誌、テレビ番組でモリスやTSMCの特集が組まれると、発行部数や視聴率が大幅に伸びる。

TSMC現象5 エリート人材の吸い上げ

1990年代から年々成長しているTSMCは、エリート人材の宝庫だ。5万人以上の従業員が高水準の給与や賞与を受け取り、名実とも国内トップ企業と評価され、仕事にはやりがいがあり、半導体産業は毎年高成長を遂げており未来も明るい。新卒採用には、台湾の名門5大学（台湾大学、清華大学、成功大学、陽明交通大学、台湾科技大学）の電機、電子、機械専攻の学生が大挙して押し寄せ、ほぼこの5大学の学生で決まる。優秀な人材はTSMCに流れるため、半導体業界だけでなく他業界の企業もこの5大学からの採用に苦戦する。つまり、TSMCによるいわば「エリート人材の吸い上げ」が起きているのだ。

TSMCではマネジャー、副所長、所長という中堅幹部の採用活動も活発だ。この10年で世界から広く人材を募集しており、海外の半導体企業で3～5年以上の実務経験がある米国、日本、欧州の名門校の修士号もしくは博士号の取得者をターゲットにしている。もちろん過去50年間、世界の半導体産業のリーダーである米国は最も多くの人材が集まる場所だが、TSMCではインド、ロシア、中国、韓国、東欧諸国などからも博士号を持つ優秀な技術者を多数採用している。そのため、上司が外国人、同僚の国籍がみんな違うというのは、TSMCではもはや日常の光景だ。

2000年にモリスは、短期間での大量生産という顧客ニーズに応えるため、半導体メーカーの徳碁半導体と世大積体電路を3カ月のうちに相次いで買収するという大胆な決断を下した。当時、この合併は大きな話題になり、「世大の買収価格が高すぎる」という否定的な意見も出ていた。しかし20年後の現在、その後の実績からこの買収を客観的に評価すると、モリスの決断は正しかったといえる。

1999年に約1万人だった従業員数は、買収後の2000年に1万3000人超へと急増した。売上高の増加はさらに目覚ましく、1999年の763億台湾ドルから、2000年には1662億台湾ドルへ跳ね上がった。翌年の2001年には世界的なITバブル崩壊のあおりを受けて1259億台湾ドルに減少したものの、2002年には1623億台湾ドルに回復した。

同様に粗利益も、買収した年は786億台湾ドルで、前年（301億台湾ドル）の約2倍を記録した。これも買収がもたらした効果だ。売上高より粗利益の伸び率のほうが高いのは、供給不足の市場において高い生産能力を持っていたからだ。（注5）

ここで知っておきたいのは、世大積体電路の創設者リチャード・チャン（張汝京）が、創

世界金融危機後、TSMCの業績は右肩上がりで向上

年度	売上高	売上総利益	当期純利益
2009	2994億	1266億	892億
2010	4186億	1970億	1616億
2011	4214億	1851億	1342億
2012	5003億	2348億	1663億
2013	5910億	2716億	1881億

業時にTIから中堅幹部と優秀な人材をヘッドハンティングしていたことだ。リチャードが引き連れてきた人材の経歴は、TSMCの技術者に引けを取らなかった。この買収により、TSMCは数年であっという間にUMCを引き離した（第5章2を参照）。モリスの卓越した先見性がよくわかる事例だ。

次に、モリスがCEOに復帰した2009年以降を見てみよう。TSMCは2009年から2年連続で設備投資額を大幅に増やした。2009年の売上高は2994億台湾ドル、翌年には4186億台湾ドルへと急増したが、この設備投資が最大の効果を発揮したのは2013年で、売上高は5910億台湾ドルに達した。粗利益も2009年に1226億台湾ドル（粗利益率は42％）だったが、2013年は2716億台湾ドル（粗利益率は46％）に上昇した。つまり、生産能力と技術力で競合他社を引き離した結果、粗利益率が年々着実に向上している。この結果は、リーマンショック後の逆境の中でも巨額の設備投資を決断したモリスの先見性と優れたビジョンの証しだ。TSMCはファウンドリー分野で主導権を握り、トップシェアを確保した。

TSMC現象 6 世界の大企業が次々と台湾に先進技術の開発拠点を設置

TSMCが7nm、5nm、3nmプロセスという先端技術開発をリードし、年250億～300億米ドルの巨額投資を続けたことは、もう一つのTSMC現象を生み出した。この2年ほどで米国やオランダ、日本などに研究開発拠点を置く海外企業が、TSMCの台湾工場付近に第2の拠点を開設している。オランダのASML、米国のアプライド・マテリアルズやメルク、日本の荏原製作所などだ。サムスン電子は、様々なインセンティブを用意して韓国に海外企業を誘致しようとしているが、結果は伴っていない。

ASMLは2016年に半導体検査装置大手の漢微科を1000億台湾ドルで買収したほか、2020年8月、台南にあるTSMCのファブ18から程近い場所に、「グローバルEUV技術トレーニングセンター」を開設した［最先端EUV（極端紫外線）露光技術のエンジニア育成が目的］。この施設が近くにあることは、TSMCの技術開発に有利に働く。世界中の半導体メーカーがうらやんでいるに違いない。

アプライド・マテリアルズは、米国の複数の都市に散在していた「半導体グローバルトレーニングセンター」を台湾に集約した。台湾の経済誌『商業周刊』（1710号）によると、ここで研修を受けた人のおかげで、のべ2万室のホテルの部屋が利用されたという。これは「強者がますます強くなる」現象であり、ハイエンドのファウンドリー技術の集積地が台湾に形成され、2、3番手がTSMCに追いつくのをかなり困難にしている。

これらの海外企業が台湾に移したのは研究開発拠点だけではない。効率性の追求とともにTSMCからの現地化の要望を受け、生産ラインの一部を移し、サプライチェーンを築いている。例えば、ASMLのEUV露光装置を1台つくるには10万個の部品、4万本のネジ、数千の回路などが必要で、様々な部品・材料のサプライヤーが不可欠だ。また組み立てにも高度な技術を要する。台湾の上場企業マーケテック・インターナショナル（帆宣系統科技）はASMLから、きわめて難易度の高いEUV装置の組み立てを請け負った。その後同社はASMLだけでなく、中国や韓国の顧客のニーズにも応えられるようになった。アプライド・マテリアルズも台湾で100社からなるサプライチェーンを構築した。これらは、ファウンドリー事業で唯一無二の規模と地位を誇るTSMCが、台湾の半導体産業にもたらした恩恵であり、実力の強化につながった。

これが5年前なら、海外企業は韓国か日本をアジア地域における研究開発と人材育成の中心地と考えていた。だが、近年注目されているのは台湾だ。その理由は、TSMCによる長期的かつ巨額の設備投資だけでなく、新型コロナウイルスの流行下でも、台湾のサプライチェーンは、安全かつ安定的、そして効率的だったからだ。その結果、台湾のハイテク製造業は大きな打撃を受けなかったばかりか、輸出額で高い伸びを示した。これは、米中貿易摩擦と新型コロナの影響で宙に浮いた受注を台湾が吸収した形になったことを意味している。

4 護国神山たち

序文でTSMCが「護国神山」であることについて触れたが、気になるのは将来、第二、第三の護国神山が台湾に誕生するかどうかだ。

この疑問を二つの観点から探っていきたい。一つ目は、ある企業の存在があまりにも重要な場合、その背後にある国が政治的、外交的、軍事的な干渉の対象にはなりにくいということだ。その観点から見ると、この10年、米グーグルがアジアデータセンターの本部を台湾に置いていることは、台湾を守るための重要な投資になっている可能性がある。現在、アジアのインターネット利用人口は急増しており、AIデータ量の増加も目を見張るものがある。

グーグルのアジアデータセンターは、アジア、北米、ヨーロッパの20億人のデータが行き交う情報ハブだ。当初、彰化県沿岸の彰浜工業区にあり、敷地は十数ヘクタールだったが手狭になり、この3年間で台湾に3カ所増設し、サーバーの容量を数十倍に増やした。ここに集まる貴重なデータはまさに「デジタル資産」だ。グーグルは世界で最も使われている検索エンジン・ウェブサービスであり、利用人口は20億～30億人と見られている。娯楽、情報、教育、衣食住、交通などの情報検索のほか、産業界、政府機関、軍事、航空宇宙産業までが日常的にグーグルを利用している。

グーグルの機能は多様化が進み、そのユーザーは民間から政府機関に及び、利用目的も日常生活からビジネスまで幅広い。地域を見ても、台湾から北東アジア、東南アジアの数十カ国で、毎日のべ数十億人のユーザーが利用している。その利用範囲は広く深いが、そうなればなるほどグーグルの台湾への依存度は高くなる。もし、台湾にあるデータセンターが攻撃、もしくはハッキングされたら、米国政府は黙っているだろうか。

グーグルに続き、2020年にはマイクロソフトも台湾にデータセンターを設置し、今後、その規模を拡大させるだろう。同社の検索エンジンはグーグルほど利用されていないが、パソコン時代にOSに変革をもたらした企業だ。2014年にCEOに就任したインド出身のサティア・ナデラは、OSの有償バージョンアップの仕組みを壊したほか、パッケージソフト中心からクラウドサービスに大転換を図り、スマートフォンから様々なアプリを無償で利用できるようにした。こうした施策によりマイクロソフトのネットサービス利用者人口は倍増した。台湾のデータセンターの数は今後、急速に増えていくだろう。そうなれば、アジアと米国を結ぶ巨大データ集積地として、台湾の地位はますます高まっていくに違いない。

二つ目の観点は、年間売上高が長期にわたり100億台湾ドルを超えている石油化学産業最大手・台湾プラスチックグループが「護国神山」になり得るのか。

台湾プラスチックの中核事業はガソリン・軽油とPVC（ポリ塩化ビニル）製品だ。いずれも環境保護の潮流に逆行するため、今後、世界のメーンストリームになるとは考えにくい。しかも、市場シェアは3位以下で、政府の支援もない状態だ。近年、株価が上昇している大立光電（ラーガン・プレシジョン）はどうか。同社はスマホ向けカメラレンズ製造で独自の地位を築いているが、その売上高は100億米ドル未満だ。しかもアップルが積極的に、第2のスマホ向けハイエンドレンズのサプライヤーを育成していることから、今後の動向に注視が必要だ。大立光電がこの先、独自技術の開発に成功し、売上高をさらに拡大できれば、新たな護国神山になる可能性はある。

台湾にはほかにも、売上高が数百億〜数千億台湾ドルで、世界10〜100位に入るICT関連企業が十数社ある。いずれも独自の技術や製品を持っており、市場にはまだ強力なライバルがいない状況だ。ただ、護国神山の資格を得るには、あと数年は事業規模拡大に取り組み、技術開発に精進する必要があるだろう。

今、護国神山に最も近い位置にあるのが、歴史ある一方でイノベーションが起きている産業、すなわち電気自動車産業だ。台湾では、自動車部品組立サプライチェーン、半導体サプライチェーン、精密機械関連、石油化学関連の製造業がそれぞれ別個に研究開発や販売に取り組んできたが、現在、これらの業界横断的な統合が進んでいる。まず、この2年で議論を巻き起こした自動車サプライチェーンのプラットフォーム「MIH」を見てみよう。MIHはテリー・ゴウ（郭台銘）から鴻海《ホンハイ》グループを引き継いだヤング・リウ（劉揚偉）肝いりの新事業であり、新リーダーとして失敗は許されない。

この10年間で、鴻海はEMS（電子機器製造受託）で世界のトップ企業に成長した。売上高は5兆台湾ドルを超え、米中台という三つの地域で屈指のEMS企業であり、もちろん台湾では製造業1位、中国においても製品輸出額第1位の企業だ。本来なら情報通信・電機産業だけでもTSMCに続く護国神山になりそうなものだが、鴻海が組立を請け負うアップルのiPhoneやノートパソコンなど主力製品については、生産量と品質では確かに1位だが、台湾のペガトロン（和碩）やウィストロン（緯創）、中国のラックスシェア（立訊科技）が僅差で猛追している。こうした企業は、アップルが意図的に育てた第2のサプライチェーンだ。ノートパソコン、タブレット、液晶パネルの各分野で鴻海に代わる第2、第3のサプライチェーンが構築されている。鴻海の製造能力と規模は世界最大であり売上高は年4兆～5兆台湾ドルを誇るが、製品のほとんどがEMSであるため技術に独自性はない。そのため中国、台湾、世界の一流メーカーにとって重要な存在であるにもかかわらず、護国神山には届かない。

ただし、ヤング・リウ会長が主導する電気自動車開発プラットフォーム「MIHアライアンス」は話が別だ［MIHはMobility in Harmonyの略。EVの標準化、モジュール化、プラットフォーム化を通じて、オープンなエコシステムの構築を目指している］。同アライアンスは第1段階としてICT、自動車部品組立、精密機械、石油化学、電機業界の企業200社が参加を表明した。電気自動車が必要とする機械部品、モーター、リチウムイオン電池、充電システム、制御システム用の半導体、高機能パネル、ソフトウエアなどのサプライヤーが勢揃いした。売上高が数千億台湾ドルという大手から数億台湾ドルという専門性の高い企業まで様々だが、多くはすでに電気自動車のサプライヤーとして認証を受け、長年の供給実績を持ち、いつでも量産に入れる準備が整っている。

MIHアライアンスにとって今後10年が正念場だ。第2段階として3～5年以内に電気自動車の製造受託者としての地位を高め、アライアンス参加企業の中でのルールや分担を決めていかなければならない。日米欧の一流自動車メーカーからの生産受託を勝ち取るだけでなく、台湾でも柔軟かつ効率的な完成車組立センターと部品供給センターを設立する予定だ。現在、世界の自動車生産台数は5000万台を超え、1台当たりの製造コストは数十万台湾ドルであり、スマートフォンより大きな市場になる。もし、全世界が地球環境のために移動手段として電気自動車に舵を切り、その主要な電気機械制御装置や制御チップ、充電システム、主要部品と完成車の組み立てを台湾が担うようになれば、MIHアライアンスが第2の護国神山になるのは明らかだ。

また、ヤング・リウも気づいていることだが、世界には電気自動車のほかにも爆発力を備えた産業がある。その産業は10~20年以内に急成長し、電気自動車以上の市場規模になるだろう。その産業とは「スマートロボット」だ。第二次世界大戦後の1950年代から30~40年間で、先進国の人口は急増した。発展途上国も経済の発展とともに人口は倍増したが、その大量の人口が高齢化に向かっている。2025年には70歳以上の高齢者人口が20億人を超える。すると出てくるのは介護問題だ。欧米も、家族介護を重視するアジアの社会でも、経済的に自立した高齢者の中には、若い世代の世話になりたくないと考える人が増えてきた。介護ヘルパーを外国の出稼ぎ労働者に頼ろうという動きはあるが、人を雇うとコストがかかるだけでなく、そもそも彼らの祖国で就労機会が増加しており、外国で出稼ぎするメリットが薄れてきている。今後、ヘルパー不足は深刻になるだろう。

そこで注目されているのがスマートロボットだ。体位変換や歩行の補助という力仕事から、飲み物の用意や着替えの手伝い、エアコンの操作という細やかな作業まで、介護サービス市場においてスマートロボットが有望視されている。従来のロボットは、決まった反復運動や工場での組立作業で使われるロボットアームなど単純な用途に限られており、在宅で高齢者の介護サポートが期待されるスマートロボットの開発余地はまだ大きい。いわゆる「知性のあるロボット」には、ハードウエアとソフトウエアの二つのシステムが必要だ。ソフトウエア面では、高齢者の生活のサポートに必要な様々な機能がチップの中に設計される。中には、視覚、触覚、嗅覚、味覚を感知するセンサー素子を備えたものも出てくるだろう。センサー素子を組み合わせて音や映像、文字による指示、振動、温度、湿度などを感知し、その信号をもとにロボットに指示して、各種機能を用いて高齢者のニーズに応えていく。ここまでの話で、気づいた人もいるだろう。スマートロボットの開発には様々な技術分野、例えば電気機械、半導体、通信、インターネット、コンピューターのハードウエアとソフトウエア、周辺機器などが関わっており、台湾には数十年の間で積み重ねてきたノウハウがある。要するに、台湾はスマートロボットの開発拠点として最適の地なのだ。

2015年、囲碁AI「アルファ碁」が超一流のプロ棋士を何人も打ち負かし、世界は驚愕した。この頃から、ビッグデータとAI、アルゴリズムの複合的な応用技術が商用化され、現在、大量に用いられるようになった。欧米とアジアの先進国ではすでに、数百万人から数千万人分の高齢者の身体的特性、趣味、文化・生活習慣、経済力、消費傾向などに関するデータベースが構築されており、公的機関や民間で活用されている。1台で何でもできる全機能型スマートロボットの誕生までにはまだ時間がかかるだろう。だが、将来的には、高齢者の特定の機能に対応できる特化型スマートロボットが誕生し、徐々に普及していくはずだ。

製造コストの高いスマートロボットを、実際に高齢者は利用できるのだろうか。自動運転機能付きの電気自動車と同様、スマートロボットも、まずはリース方式で市場に投入されると考えられる。ロボットには高度な精密合金や新型の駆動部品が使用され、部品の交換が容易であるため、耐用年数は50~100年に及ぶだろう。毎月のリース料は3万~5万台湾ドルほどと予想され、先進国の高齢者にとっては手が届く金額ではないだろうか。

ヤング・リウの先見性には驚かされる。スマートロボットとスマート電気自動車は共通する機能も多く、MIHアライアンスは今後10年より先の未来を見据えている。この2分野を発展させるには、まず研究開発と製造に取り組み、次のステップではサービスとメンテナンスの運営モデルを構築する。MIHアライアンスには、すでに台湾から800社が参画しており、台湾の製造業におけるスマート関連技術を発展させる基礎となり、より長期にわたって台湾を守る神、つまり護国神山になるだろう。

第2章

TSMC誕生の奇跡

1 すべては李国鼎から始まった

ＴＳＭＣは台湾の半導体企業の中で唯一、売上高が１兆台湾ドルを超え、粗利益額は米アップルやインテル、アマゾンといった世界の高収益企業に匹敵する。それ自体が奇跡的なことだが、まずは２０２０年時点で、ＴＳＭＣが起こした「奇跡」を見てみよう。

（1）台湾の経済誌『天下雑誌』が２０２1年5月に発表した「台湾の製造業トップ50社調査」によると、ＴＳＭＣの売上高は1兆３３9億台湾ドルで第3位、税引き後純利益は5１7８億台湾ドルで第1位だった。この数字をほかの49の企業グループと比較すると、その違いがよくわかる。例えば、鴻海は売上高5兆３５８億台湾ドルで1位（純利益は1０17億台湾ドル）、ペガトロンは売上高1兆３９９３億台湾ドルで2位（純利益は２０２億台湾ドル）と、電子機器受託製造業がトップ2を占めた。この2社は「台湾の光」とも称されるが売上高当たりの純利益に着目すると、2社ともＴＳＭＣのたった数十分の１しかない。さらに、TSMC以外の49社の2020年純利益の合計は6260億台湾ドルで、TSMCの純利益をわずか1082億台湾ドル上回る程度だった。

（2）5万1000人いる従業員の平均年収（給与、賞与、株式配当含む）は170万台湾ドル、従業員1人当たりの賞与と配当の合計は平均80万〜150万台湾ドルだった。

（3）世界金融危機が起きた2008年から2021年までの設備投資の総額は2000億米ドルにのぼる。過去20年で、国内外の企業を含めて台湾に最大の投資をしてきた。また、TSMC1社の台湾への投資額は、国内外の企業が10年かけて行った投資額を上回っている。

（4）2000社を超える台湾の上場企業の中で、株式売買において、外国人投資家の割合と金額が最大となっている。TSMCの総発行済み株式の70〜75%、約190億株を外資が占めている。2021年3月時点の株価600台湾ドルで計算すると、外資が保有する株式の10%を売却すると、台湾の株式市場から約1兆1400億台湾ドルが出ていくことになる。

（5）TSMCは、米国、台湾、欧州で最多の特許を保有する。研究開発部門に6000～7000人の技術者を有し、台湾の単一企業としては最多を誇る。

1986年、モリスがTSMCの設立準備を進めていた頃、台湾には、TSMCの成長可能性を信じて大金を投じる企業や財閥のボスはいなかった。ここでいうボスとは、台湾プラスチックの創業者・王永慶、電鍋で知られる総合電機メーカー大同の林挺生、東元電機の黄茂雄、ゴム製品最大手のTSRC（台橡）と白物家電メーカーのSAMPO（聲寶）の陳茂榜など、1980年代の台湾産業界を代表する人物たちだ。政府の経済・科学技術の責任者は、彼らに出資を促そうと熱心に働きかけたが、TSMCの成長性に懐疑的で話はまったく前に進まなかった。TSMCが成功を収めるとは誰も思っていなかったからだ。

台湾で「経営の神様」と呼ばれる王永慶の場合はこうだ。モリスが王永慶を訪ねて事業の説明をしたが、王は動かなかった。次に、当時の経済部長［経済産業相に相当］の李達海が王に自ら電話をかけて説得したがやはり動かなかった。最後に行政院長［首相に相当］の兪国華が個人的に電話をかけ、「これは政府の重要政策であり、ぜひあなたのサポートが欲しい」と伝えた。ここで知っておくべきは、兪国華は脳卒中で倒れた孫運璿《うんせん》の跡を継いで行政院長に就任する前、「国民党の大ボス」と呼ばれていたことだ。蒋介石から厚い信頼を得ていた兪は、中央銀行の総裁を任され、「党庫＝国庫」という状況下で、党のすべての事業と財政支出の決定権を握っていた。政治情勢に精通していた王永慶とその側近たちもそのことを理解しており、兪国華が動いたとなれば彼のメンツを立てなければならない。結局、台湾プラスチックは渋々、約5％を出資したが、TSMCの設立から数年で保有株をすべて売却し、南電と華亜科という半導体関連企業を設立した。南電が製造していたメモリーやDRAMは需要の浮き沈みが激しく、市場環境がいい時は儲かるが、悪い時は大損をする。南電も一時、数百億台湾ドルの赤字を出し、グループの足を引っ張った。もし、台湾プラスチックがTSMC株を手放さなかったら、時価評価額は1000億台湾ドルを超えていただろうが、王永慶はそれを見抜けなかった。

TSMCは創業当初、順風満帆ではなく不確定要素ばかりで紆余曲折があった。当時、『工商時報』でテクノロジー担当だった私は、TSMCの資金調達から創業までの過程に強く興味を引かれ、何度も記事を書いた。

1986年、モリスは、政務委員（無任所大臣に相当）の李国鼎の強い推薦と行政院長の孫運璿の求めに応じ、米国から帰国した。最初に就いた役職は、工業技術研究院（工研院）の院長だった。2015年、モリスは私の取材に応じ、「工研院で台湾のために尽くすつもりだったが、まさかＴＳＭＣで台湾のために貢献することになるとは思ってもみなかった」と笑顔で語った。

実際、これは誰も予期せぬ成功の物語である。

１９８６年７月、モリスが工研院院長に就任した当日、前任者の方賢斉からＡ４サイズの１枚の紙を手渡された。それは緊急事案リストで、そのトップに書かれていたのが、米国から帰国し新竹サイエンスパークで創業した半導体企業３社のため、ウエハー製造工場の建設を急ぐことだった。

その３社の創設者はＩＢＭ、ＨＰ、インテルなど大企業出身の華僑たちで、いずれも半導体分野に精通していた。彼らは政府の科学技術担当だった李国鼎の呼びかけに応じ、高待遇だった米国での大企業を辞して台湾に帰国し、新しくつくられた新竹サイエンスパークで起業した。だが、当時のサイエンスパークは決して恵まれた環境ではなかった。研究開発施設やオフィスなどハード面や政府による優遇措置はあったものの、人材、生産工場、ベンチャーキャピタルなどハイテク産業に必要な条件が整っていなかった。もし政府が生産工場などの問題を解決できなければ、プロジェクトは水に流れるところだった。工場を設立できなければチップは生産できず、新竹サイエンスパークの第一陣となった半導体企業は解散せざるを得ない。そうした情報が海外にいる華僑の耳に入れば、優秀な人材が現地の生活を捨てて台湾のために帰国することなど二度とないだろう。そうなれば台湾のハイテク産業の発展のためにつくられた新竹サイエンスパークは、せいぜい昔ながらの工業エリアとして利用されるのが関の山だ。もし、この時、計画が頓挫していたら、1年に5兆～6兆台湾ドルの生産額を生む現在の新竹、竹南、台中、台南、路竹のサイエンスパークの繁栄はなかった。

李国鼎と孫運璿が長年心血を注いできたプロジェクトは幻のごとく消えてしまいそうだった。2人は政府の経済・科学技術のトップだ。中でも財政部長（財務相に相当）と経済部長（経産相に相当）を歴任し、かつて蒋介石から「行政院応用技術開発グループ」の責任者に任命されたこともある李国鼎は、焦りを感じていた。新竹サイエンスパークの半導体企業3社の問題を解決するには、ウエハー工場の創設しかなかった。これが工研院院長に就任した最初の月に、モリスに突きつけられた課題だった。

前任者の方賢斉はモリスに緊急事案リストを渡した際、こう伝えた。「KT（李国鼎の英語での愛称）は特にこの件を急いでいる。数日以内に話があるだろう」。方賢斉の言葉通り、数日後、モリスはKTから電話を受けた。半導体3社の創業問題の解決策を議論するため、行政院で開かれるKT主催の隔週の会議に参加せよ、というものだった。当初、3社がそれぞれウエハー工場をつくり、それを支援する案が出されていたが、政府にはそこまでの予算はない。そこで、ウエハー製造能力を有する企業を設立し、そこに3社が生産を委託するというモリスの提案を政府は受け入れることになった。

当時、モリスは私に、この3社は当初非ロジックICをつくろうとしていたが、モリス自身は「特定用途向けのロジックIC（ASIC）の生産に取り組むつもりだ」と述べていた。政府の望みは3社のためできるだけ早くウエハー工場をつくることであり、技術や製造の方向性はモリスに一任した。

ここで注目しておきたいのは、TSMCが1987年に創業した当初、技術の源泉は工研院電子研究所の6インチウエハー・ファブであり、その後、フィリップスからの技術供与もあったことだ。当時のウエハー製造技術の主流はUMCによる3㎛～5㎛プロセスで、民生用IC分野が主力製品だった。一方、TSMCが持つ1・5㎛プロセス・月産2万枚の生産能力はややオーバースペックだった。当時、国内のIC設計企業は30社ほどで、そこから見込める発注は月に数百枚程度しかない。TSMCの製造能力を生かすには、海外市場の開拓が急務だった。TSMCの設立当初、経営陣の何人かがモリスがよく知る米国の半導体業界の外国人だった理由はここにあった。

1988年、インテルCEOのアンドリュー・グローブが訪台した際、モリスは彼を新竹サイエンスパークの工場に招待した。PC用マイクロプロセッサーチップの世界的リーダーであるインテル（マイクロソフトとタッグを組んでいたことからウィンテル連合と呼ばれていた）から注文を勝ち取りたいと考えていたからだ。天は努力する人を裏切らない。1年後、インテルが派遣した専門家チームによる200項目にわたる監査をパスし、ついにインテルからの受注に漕ぎ着けた。おかげで工場のラインはフル稼働となり、TSMCの歴史に新たな1ページが刻まれた。

偶然が積み重なって植えられた苗木が、のちに巨木となり花を咲かせた。その大樹は、台湾という技術の島を守っているのである。

2 モリスによって偶然誕生したTSMC

TSMCは、新竹サイエンスパークに半導体企業を設立するため必要に迫られてつくられたものであり、モリスが米国から持ち帰った起業プロジェクトではない。つまり、TSMCの誕生は偶然の巡り合わせであり、モリスが立ち上げたファウンドリー事業も、「天（好機）、地（地の利）、人（人材）」の条件が重なり合った偶然の産物だ。設立当初の技術への考え方と3社のニーズの食い違いも、偶然によって生まれたものだった。

だが、李国鼎の求めにより、モリスが起業の計画を立てたのも事実である。当時、台湾には、モリスほどの経験と能力を持つ人材はいなかった。モリスは米国から帰国する前、ＴＩで技術者からマネジメントまで経験し、半導体部門を統括するゼネラルマネジャーを務めた。さらに、ジェネラル・インストゥルメンツ（ＧＩ）に招聘され、半導体事業部のトップなどを歴任した。

豊富な経験を積んだモリスが台湾に帰国するやいなや、この緊急事案に直面した。まさに天による巡り合わせだ。台湾にとって最高の人選であり、モリスにとっても第2の人生としてこれ以上の最適なポジションはなかった。李国鼎は自信をもってこの重要な仕事をモリスに任せた。

１９８6年、モリスは工研院の仕事をこなしつつ、半導体ウエハー製造会社の設立準備にも奔走した。これは、米国の半導体企業3社で得た29年の経験を生かすことができ、しかも自分でゼロからデザインできる仕事だった。勝手知ったる分野での創業は彼にとっても夢の実現だったのではないだろうか。それほど運命的な出来事であり、米国にいた頃には想像もできなかっただろう。

ここでＴＳＭＣ設立前の台湾の半導体産業を振り返っておこう。１９６5~１９６9年に経済部長を務めた李国鼎と、行政院長だった孫運璿の先見の明と努力により、台湾では

1966〜1974年の9年間で半導体関連分野の人材が育った。ただし、当時はトランジスタと発光ダイオードの応用製品の分野が中心だった。パッケージングやテストなどの技術はウエハー製造の川下にあり、ICやウエハー製造には程遠いが、台湾の半導体産業にとっては小さな前進だった。

当時、外国企業が台湾に工場を設立した代表例は次の通りだ。

・トランジスタのパッケージング——GI、日立
・ダイオードのパッケージング——フィリップス、環宇電子（ITT）、GI、TI、米RCAなど
・ICのパッケージング——三菱電機、TI

1974年2月、当時、経済部長を務めていた孫運璿の呼びかけにより、政務委員の費驊《ひか》、交通部長（国交相に相当）の高玉樹、RCAで研究開発部門を統括する潘文淵、工研院院長の王兆振、電信総局長の方賢斉ら7人が、台北の豆漿《ドウジャン》店に集まり、台湾の半導体産業の方向性を決めた。世に言う「豆漿店会議」だ。会議では、米国から半導体の先進技術を取り入れるのが早道と判断され、議論を重ねた結果、技術分野はCMOS型ICから始めることとなり、

李国鼎（左）と著者

パートナーには意欲的かつ友好的なＲＣＡが選ばれた。「台湾ハイテク業界のゴッドファーザー」の異名を持つ潘文淵の積極的な手引きで、史欽泰、曹興誠（ロバート・ツァオ）、曽繁城、劉英達、宣明智たちを研修のため米国に派遣した。彼らはのちに、台湾ウエハー製造業界の精鋭となった。

こうして技術人材チームが誕生し、１９７９年４月、まず工研院の電子工業研究発展センターは電子工業研究所（電子所）に格上げされた。そして、センターが培ってきた技術と育成した人材を産業界に送り込むため、同年9月にはＵＭＣ準備室が設置され、１９８０年5月に曹興誠、宣明智、劉英達主導のもと、正式にＵＭＣ（聯華電子）が設立された。同社が初期に生産していたのはサウンドＩＣ、デジタル時計用ＩＣで、電子所の支援により建設された4インチウエハー・ファブで製造された。これが台湾における自国の技術によるウエハー製造の始まりだった。

3 台湾最大の投資

ＴＳＭＣの設立が計画されていた頃、私は『工商時報』のテクノロジー担当記者で、設立過程でいくつかのスクープ記事を載せた。「１００億台湾ドルのＶＬＳＩ計画」は私が初めて新聞で報じたものだ。これは李国鼎主導の行政院科学技術顧問チームの中でつけられた名称だった。スタート時には１００億台湾ドルという予算はなく、数年分の予算を合わせた数字だった。最終的な投資額が70億になろうと１００億になろうと（第1期の資本額は55億台湾ドル）、政府予算が１０００億台湾ドルという時代だ。１９８０年代において、ＴＳＭＣへの投資額は、国内の一企業への投資として史上最大だったといえる。

ただ、いかんせん投資額が大きいため、予算上からも法律上からも政府の１００％出資とすることはできない。政府の出資上限は49％だったので、結局、行政院開発基金が48・３％を出資することになった。資本金55億台湾ドルの内訳は、政府が約27億台湾ドルを拠出し、フィリップスの出資比率は27・5％で落ち着いた。当初、ＴＳＭＣとフィリップスとの契約では、フィリップスが50％以上の株を保有できるオプション条項が含まれており、ＴＳＭＣにとって不利なものだった。モリスからＴＳＭＣの株式上場を任された大華證券社長の張孝威は、このオプション条項を検討後、フィリップスにＴＳＭＣの株式の過半を持たせるべきではないとモリスに強く進言した。(注5)モリスは張のアドバイスを受け入れ、最終的にはフィリップスを説得してオプション条項の持ち株比率を最大40％に調整した。これにより、外資によるＴＳＭＣの支配を防ぎ、台湾資本の企業であり続けられるようにした。張孝威のアドバイスがなければ、今頃ＴＳＭＣは、台湾の守り神どころか外資企業となっていただろう。

政府による48・3％の出資は、当時の行政院長の孫運璿が李国鼎を全面的に支持し、与党国民党の金庫番こと中央銀行総裁の兪国華の大きな協力があって実現したものだ。さらに、政府の財務、経済関係の閣僚や幹部はすべてＫＴ〔李国鼎〕の息がかかった者であったことも大きい。彼らはこれが台湾にとって非常に重要な政策投資であることを認識し、支援するために最善を尽くした。そのため資金調達に関して、政府や党からの出資分は特に大きな問題もなく進んでいったが、問題は残りを民間からどうやって調達するか。

モリスと李国鼎にとってこれは頭痛の種だった。

その理由は、5％出資するだけでも3億台湾ドル近くになるからだ。最終的にはフィリップスが出資を決めたほか、兪国華と李国鼎らの勧めにより台湾プラスチック、中美和石油化学、台湾聚合化学品（USI）、華夏海湾塑膠（チャイナ・ゼネラル・プラスチック）、中央投資、誠洲電子、神達電脳（マイタック）、台元紡織などの民間企業や党営企業から何とか24・2％分の出資金を集めることに成功し、TSMCの設立が可能になった。

出資してくれる大企業を20社近く見つけるのは、容易なことではなかった。まず、ほとんどの企業は、半導体という新産業に対する知識が乏しく、モリスの半導体産業における豊富な経験と、新しいビジネスであるファウンドリー事業との関連や重要性もよく理解されず、どの企業も億単位の出資に二の足を踏んでいた。

私がモリスから聞いた話では、台湾プラスチックの王永慶会長との二度目の会談で、王会長は、「台湾プラスチックが全額出資し、チャンさんを年俸12万米ドルで総経理に迎えることができるが、どう思うか？」と話したという。モリスは微笑みながら「王会長は、台湾帰国前、GIから私に年俸24万米ドルの提示があったことを知らなかったのだろう」と私に言った。数年前、メディアがTSMCの初代取締役を務めた王文洋を取材した。彼は王永慶の長男で、台湾プラスチックグループの株主代表としてTSMCの取締役会に参加していた。王文洋はメディアに対し、台湾プラスチックは1株10台湾ドルでTSMCに出資し、数年後に全保有株を1株17・6台湾ドルで売却したことを認めている。

一方、海外からの投資の誘致、つまりテクノロジー系のグローバル企業へのアプローチはほとんど失敗に終わった。モリスは日米欧の企業に投資提案書を送っている。米国はＩＢＭ、ＨＰ、インテル、古巣のＴＩ、ＧＩ、日本は日立、東芝、三菱、ＮＥＣ、欧州はシーメンスやフィリップスなど。しかし、返事があったのはＩＢＭとインテルの2社のみで、モリスに米国本社でさらなる説明を求めた。けれども、プレゼンテーション後、数カ月たっても何の反応もなかった。

出資に興味を示す外国企業が見つからず、また国内企業もあまり乗り気ではないという状況の中、このままでは国民にも閣僚にも総統にも責任を果たせないと感じた李国鼎は、モリスを引き連れてオランダへ飛び、同国が誇るグローバル企業、フィリップスの創業者一族であるフレデリック・フィリップス卿への面会を求めた。

この会談から時は遡ること20年前、李国鼎が経済部長だった頃（１９６５～１９６９年）、米国のＧＩ、ＴＩ、ＯＡＫ、そして欧州からはフィリップスが、台湾に進出し、工場を建てた。フィリップスにとって台湾工場は、トランジスタのパッケージングにおいて初の国外工場だった。李国鼎はフィリップスが拠点をスムーズに開設できるよう用地取得、税、人材、サプライチェーンに関する問題を解決するため、省庁や各機関、地方政府との調整に力を尽くした。フィリップスのアジア初の拠点は予定通りに完成した。台湾の二つの工場はその後、同社に多くの利益をもたらし、オランダ本社が誇りに思うほどの成功事例となった。

李国鼎は経済界のリーダーとして、先進国からのハイテク工場の誘致を通して台湾に数万人単位の雇用をもたらし、電子産業とＩＣＴ産業（情報、通信、半導体）の発展につながる多くの人材育成に貢献した。その結果、のちにサイエンスパーク計画や8大キーテクノロジー推進の際には、台湾にはすでに数万人の電子・機械工学を専門とする人材が育っていた。そうした基盤が整っていたため、彼は欧米のテクノロジー企業で活躍する華僑の台湾への帰国とテクノロジー企業の創業を促した。李国鼎、孫運璿、趙耀東ら閣僚の優れたビジョンが、現在の台湾の経済的、技術的成功の要因となっている。

最終的に、フィリップスがＴＳＭＣへの出資を決めた理由は次の二つだ。一つ目は、前述のように同社の台湾工場が大きな成功を収めていること。フィリップス卿は李国鼎に恩義を感じていた。もう一つは、フィリップスの経営陣が以前から半導体産業に注目していたことが挙げられる。ＴＩ、ＲＣＡほど専門的でも大規模でもなかったが、半導体産業に投資していた。そのため、半導体産業における豊富な経験に基づいたモリスの具体性ある情報価値の高いプレゼンテーションは、経営陣の心を動かし、ついに待ちに待った海外企業の出資が実現した。前述のように、フィリップスの当初の持ち株比率は27・5％で、契約では49％を超える出資を可能とするオプションをつけることで両者は合意した［その後、出資上限を調整］。

フィリップスから見ると、ＴＳＭＣへの出資は、李国鼎の行動力とモリスの説得に押された、やや受動的なものだった。しかし、結果的に投資は大成功だった。出資から十数年後、ＴＳＭＣの株価は年々上昇し、１株１００台湾ドル前後になった頃、フィリップスは数十年ぶりに経営不振に見舞われ、業績が赤字に転落しかけていた。そこで1株10台湾ドルで取得していたＴＳＭＣ株を売却し、営業外収益として計上することでこの危機を乗り切った。

出資当初、持ち株比率27・5％だったフィリップスは48・3％の行政院発展基金に次ぐ大株主だったが、２０００年からＴＳＭＣ株の売却を始め、２００８年には全保有株を売却した。ＴＳＭＣ株を売却した台湾プラスチックとフィリップスの投資収益率を比較した人がいた。前者は70％ほどのプラスで高いように見えるが、フィリップスは３００倍に達する。もし2社がＴＳＭＣ株を２０２０年まで保有していたら、軽く１０００倍を超えていた。フィリップス卿の後継者は、１９８６年の李国鼎とモリスの訪問に感謝しなければならないだろう。ＴＳＭＣの設立過程で、世界的に有名な外国企業の中で手を差し伸べたのはフィリップスだけだった。「善き人には善きことが起こる」の循環とでも言おうか、今度はＴＳＭＣがフィリップスを業績悪化から救う恩人となった。

ところで、そもそも台湾の半導体産業を立ち上げ発展させるには、何が必要だったのだろうか。

台湾が半導体産業の育成に着手した1980年代、半導体産業が盛んだったのは、米国を除くと日本とオランダくらいだった。人材も資金も市場もない台湾は、なぜ半導体産業を発展させようと考えたのか。TSMC設立から7年たった1994年、モリスはその答えを講演会の中で示している。モリスによると、台湾には半導体産業を発展させるうえで六つの優位性があるという。(注6)

1 豊富な人材

詳細は第4章2を参照。

2 資本と投資意欲

1994年当時の台湾の政治・経済環境を見ると、半導体産業は政府と民間の両方が積極的に推進する新興産業になっていたことがわかる。同時に、PC製造業も李国鼎のような先進的で実行力のある官僚の働きかけのもと、民間の川上・川下を合わせた数千もの企業の努力により1兆台湾ドル近い規模の産業に成長した。その実績から半導体産業にも期待が集まり、人材育成や企業への投資が盛んになった。100を超えるIC設計企業や複数のファウンドリーが設立され、世界をリードする米国の半導体産業と比べても、台湾には発展のための基本的な優位性がすでにある。

3 非労働集約型産業

１９６５年に台湾で始まった労働集約型加工・輸出構想は、１９８０年代のＩＣＴ産業の発展により見事に成功した。しかし、ＰＣ製造業は依然として多くの技術者と労働力が必要だった。そのため90年代前半にはエイサー、神通、クアンタ、鴻海といった大手企業とそのサプライチェーンにある企業は、研究開発と本社機能を台湾に置きながら、コストがかからない土地と労働力を求めて中国本土の広東省などに工場を移転させた。この戦略で台湾のＰＣ産業は発展した。

一方、半導体産業はＰＣ産業とは異なり、資本集約的かつ技術集約的で、労働者が製造工程で直接手作業をする割合はきわめて少ない。逆に、技術者の頭脳労働など間接労働の比率が非常に高く、１人当たりの売上高はＰＣ産業を大きく上回る。ＴＳＭＣの２０２０年の売上高１兆３３００億台湾ドルを従業員数（5万3000人）で割ると、１人当たり平均売上高は２４００万台湾ドルになる。

ＥＭＳ企業の鴻海の売上高は5兆５０００億台湾ドルで、台湾と中国本土で合計１００万人超を雇用する。１人当たり売上高は４００万台湾ドル前後にすぎない。また、伝統産業の

1人当たり売上高は100万~200万台湾ドルであり、TSMCとの差はさらに大きくなる。ファウンドリーがいかに技術集約的で生産性の高い産業であるかがわかる。

4 政策の後押し

モリスは講演やメディアのインタビューの中で、台湾政府が半導体産業の振興で大きな役割を果たしていることを常に称賛している。工研院の設立による半導体技術の開発の指導から第一陣の人材育成、サイエンスパークにおける土地、工場、働きやすい労働環境の提供、そして税制上の優遇措置まで、これらの政策が台湾半導体産業を成功に導いたと述べている。

私は1980年代から20年間、テクノロジー分野の担当記者として取材を続け、この10年近くは、経済、科学技術を所管する政府のトップからボトムまでの関係者の努力とプロフェッショナリズムをつぶさに見てきた。経済部、国家科学・技術委員会、サイエンスパーク、工研院のリーダーやメンバーたちの身を削るような献身によって、この20年間で優れた産業構造と優位性が築かれ、半導体業界が急速に発展した。その結果、台湾の半導体業界は現在、ファウンドリーとパッケージングで世界第1位、IC設計で世界第2位、メモリーで世界第3位と第4位の企業を擁するようになった。

台湾の半導体産業の発展に貢献した3巨頭。
左から王安、李国鼎、モリス・チャン（著者撮影）

5 環境への配慮

半導体の製造には多くの複雑な工程があり、水、各種のガス、無菌のクリーンルーム環境などを必要とする。モリスは半導体産業を「低公害産業」と呼ぶ。モリスによると「最新の半導体製造の設備は環境への影響を最小限に抑えることが可能であり、環境意識が高まっている今、それが半導体産業にとって有利になっている」という。

6 国際市場の開放

１９７０年代、欧米の大手半導体企業が台湾に進出し、トランジスタのパッケージングやその他のローエンド製品の製造を開始したことで、半導体産業が他の産業に比べて開放的かつ国際的であることが示された。本家本元である米国の半導体企業は、優遇政策があり、コストメリットがあり、人材が確保できれば、どこの国にも進出する意向があった。台湾にはそうした条件が整っており、半導体産業を拡大できたのは「天（好機）、地（地の利）、人（人材）」のおかげだ。

4 ファウンドリーモデルの考案者は誰か

「ファウンドリーモデルをつくったのは誰か」。この問いは、TSMCが成長軌道に乗った1990年代からメディアで議論の的だった。UMCの曹興誠会長がTSMCの経営陣に提案した説もあれば、アイデア自体はモリスが以前から温めていたもので、偶然が重なって李国鼎にウエハー工場の設立準備を依頼されたことから、そのアイデアを実行に移したという説もある。

私はかつて、孫運璿基金会の最高責任者である史欽泰にこの質問をした。彼は次の三つの理由から、この問いの回答者として最も適切な人物だ。まず、モリスが台湾に戻り工研院院長に就任した際、史欽泰は工研院の電子工業研究所の所長を務めていた（のちに工研院副院長、院長に昇格）。当時の半導体研究チームを率いていたのは彼で、ＴＳＭＣ設立時の主要スタッフの大半は、電子所からの移籍組だ。その後、モリスは史欽泰を工研院副院長に昇格させ、モリスがＴＳＭＣの会長に就任した際も、史欽泰を工研院院長に推挙した。モリスが米国から帰国して数年、二人は緊密に連携して仕事をしていた。

第二に、曹興誠は宣明智、劉英達とＵＭＣを創業する前、電子工業研究所の副所長を務め、事業開発担当として、長年、史欽泰と仕事をともにしていた。私は史欽泰がＵＭＣの工場建設に強力な支援をしたことを見ている。

第三に、１９８０年代、台湾政府は工研院の顧問だった潘文淵のもと、半導体の専門人材を養成するために、数十人を米ＲＣＡへ研修のために派遣した。曹興誠、史欽泰、そして後にＴＳＭＣの副会長を務める曽繁城も、その派遣メンバーだった。

さて、私が史欽泰に「ファウンドリーモデルをつくったのは曹興誠かモリスか」と尋ねたところ、彼はこう答えた。「ＴＳＭＣ設立の5、6年前に、米国の半導体専門家が著書を出した。その中に、半導体製造のサプライチェーンの川上・川中・川下において『ファウンドリーモデル』の可能性を言及する章があった」

さらに遡ると、徐賢修が工研院のトップだった時［１９７８〜１９８８年］、前述のように同院の顧問でＲＣＡとパイプを持っていた潘文淵の手引きで、工研院は電子工業研究所の優秀な人材をＲＣＡに派遣して研修を受けさせた。この時、研修生はＩＣ設計とチップ製造の２グループに分けられ、前者にメディアテックの創設者・蔡明介が、後者に曽繁城や劉英達、そして曹興誠もいた。当時の米国の大手半導体企業（ＩＤＭ＝垂直統合型デバイスメーカー）は、半導体が新しいテクノロジーだったため、機密保持のため外国人の視察はもちろん研修も拒絶した。それなのに、ＲＣＡはなぜ台湾人に惜しみなく研修を提供したのだろうか。

理由は二つある。ＲＣＡは潘文淵とつながりがあるほか、李国鼎が経済部長時代に台湾に誘致した欧米企業の中の１社で、台湾で大きな利益を上げていた。つまり、李国鼎に恩があったのだ。また、半導体産業は人材面も技術面も米国の独壇場であり、短期間の研修ぐらいで技術を習得できるとは思っていなかったため、ＲＣＡは台湾からの研修を受け入れた。しかし、台湾からの研修生は実に優秀で、電子理論の知識もすでに豊富だったため、半導体サプライチェーンの重要なノウハウを瞬く間に吸収した。台湾半導体産業の扉を開いたのは彼らだ。まず、電子工業研究所の曹興誠、曽繁城、劉英達が公的資金を活用してＵＭＣを設立し、続いて、新竹サイエンスパークに３人の華僑がそれぞれ半導体企業を創業した。

当時、世界をリードする半導体企業はＩＢＭ、ＴＩ、インテル、ＲＣＡなどで、いずれもＩＣ設計から製造、パッケージングをワンストップで行う垂直統合型メーカー（ＩＤＭ）であり、ＩＣ設計とファウンドリーを分業することはなかった。新竹サイエンスパークに戻った3人の華僑がそれぞれ半導体ベンチャー企業を立ち上げ、政府にウエハー製造工場を設立するよう支援を求めた際、政府にはそれに見合う資金がなかった。そこにタイミングよく登場したのがモリスであり、まず工研院の院長に就任し、のちにTSMCを起業した。もともと3社が求めていたのは単純な民生用のアナログICの製造技術だったが、開発方針を一任されていたモリスが推し進めたのはハイエンドからローエンドまで対応可能なロジックチップの生産技術だった。この選択がなければ、後の発展もなかっただろう。

さらに、半導体ベンチャー3社は、チップの生産をUMCに委託することを検討していたが、その頃、UMC製のサウンドICチップを採用した人形が欧米で大ヒットし、クリスマス需要が重なって生産が供給に追いつかなくなる事態が起きていた。民生用ICの需要急増で、UMCが半導体ベンチャー3社からの生産受託が難しくなったことが、間接的にTSMCの誕生を促したのである。

これら三つの理由を整理すると、ファウンドリーの事業アイデアがモリスや曹興誠より前に書籍に書かれていたとなれば、「アイデアを出したのは二人のうちどちらか」の議論は意味がなくなる。2020年12月、工研院は過去50年で同院に対し多大な貢献をした人物を表彰した。モリスと曹興誠も選ばれ、表彰式で2人は抱き合い、握手をして互いの貢献を称えた。長年の論争の結末として、とても美しい光景だった。

第3章

モリス・チャンとは何者か

MITとシルバニア

モリス・チャンはこれまで国内外で招かれた講演の中で、人生の志を立てるうえで最も重要な経験になったのはハーバード大学での1年間だったと語っている。2度の夏を含む14カ月、ハーバード大のキャンパスで過ごし、勉強する中で、三つの大きな収穫を得た。一つ目は英語の読み書きと会話がしっかり身についたことだ。音楽専攻のルームメイトは彼をクラシック音楽のコンサートやオペラに誘い、建築や芸術専攻の友人は彼を博物館に連れていってくれた。また、政治学を学び、中華民国が台湾に撤退した後の中国大陸の話を聞かせてくれる友人もいた。モリスはこの1年で2人の白人の友人と親交を深めている。シンクレアとはバスケットボールやアイスホッケーの試合を観戦し、ポールマンとは文学について大いに語り合った。

二つ目の収穫は、人との付き合い方だ。ハーバード大の寮では1年生だけで1100人が生活する。専攻も物理、数学、化学、人類学、政治学、経済学、医学、外交など様々だ。モリスはここで、人間関係を築くうえで最も重要なのは「誠実に人に接すること（以誠待人）」だと学んだ。三つ目の収穫は、読書、映画鑑賞、観劇、クラシック音楽など幅広い趣味を持つようになったことだ。後年、モリスは、ハーバード大での十数カ月の経験を、ヘミングウェイが若き日のパリでの青春を回想したエッセイ『移動祝祭日』になぞらえて述懐している。(注6)

一般的に、小学校から中学校の教育や学習の過程で人格や人生の目標が形成される。モリスも例外ではない。浙江省寧波市に生まれたモリスは裕福な家庭で育った。日本軍が上海に迫ってくる中、一家は戦火を避けるため英国領だった香港に移り住んだ。モリスはこの香港で過ごした小学校の6年間を「パラダイスだった」と話している。その後、日本軍が香港に侵攻すると、一家は当時、中華民国の臨時首都だった重慶に逃れた。

重慶の南開中学で過ごした中学時代は、モリスに最も大きな影響を与えた。この頃、「祖国のために何かしたい」という志が彼の中で確立した。1986年に、台湾に帰国するかどうか迷っていたモリスを後押ししたのは、孫運璿と李国鼎が70歳を過ぎても国の産業のために尽力している姿だった。2人の長老は大義の大切さをモリスに話した。少年時代の志が呼び覚まされたモリスは、米国での好待遇を捨てて台湾に帰国することを決意し、彼の志と決断によって台湾の半導体産業に新しい時代が訪れることになった。

私の観察では、モリスが台湾に戻りTSMCの会長を務めた30年間、ハーバード大学で受けた教育と密接に関係する二つの長年の習慣があった。その一つは生涯にわたる読書の習慣だ。モリスはどんなに忙しくても1週間に新しい本（メーンは英語、次に中国語）を1冊読み、学びと楽しみを得ていた。もう一つは、友人をつくり視野と見識を広げるために「世界を旅する（周遊列国）」習慣だ。かつてモリスはメディアに対し、TSMC会長として世界各国の政治、経済、科学技術分野のリーダーを訪問することに勤務時間の2割を費やしていると語っている。世界的に有名な企業のトップであり、半導体産業で60年過ごしてきたモリスは、各国のトップや高官、企業経営者、科学者と面識がある。加えてモリスは、蔡英文総統からAPEC総統特使に何度も任命され、アジア太平洋地域の首脳、閣僚、経営者たちと交流するなど、世界に人脈を広げてきた。

モリスの海外訪問は、親交を深めるという単純な目的だけでなく、実際に自分の目で見て話をすることで知見と理解を深め、様々な分野への造詣と感性を養い、世界のトレンドを把握するのに大いに役立っている。これは、他のグローバル企業ではあまり見られない特徴だ。その先見性は、的確な意思決定に生かされた。モリスは2000年に入ってからの10年間で、取締役会や側近の反対を押し切って二つの大きな投資を決めた。第1章3で述べたように、2000年に半導体メーカーの徳碁半導体と世大積体電路を買収し、2009年に新工場拡張のための数百億米ドルの投資を決断した。この二つの投資によりTSMCの生産能力は競合他社を凌駕し、その後の大躍進の原動力となった。

彼の洞察力と決断力は、技術者からマネジメントまで経験した米半導体メーカーで培われたものだが、そのルーツはハーバード大学で過ごした14カ月間での様々な分野への探究心と深く関係している。

モリスは大学2年からマサチューセッツ工科大学（ＭＩＴ）に編入し、その後5年間を過ごした。その時間はハーバードの約5倍だが、経済的な事情から卒業を急いでいたこともあり、勉学に集中できず、ハーバード大在学時ほどの好成績は残せなかった。自身も勉強の成果が不十分だったと振り返っている。特に最後の2年で博士号を取れなかったことは大きな挫折だった。しかし、「人間万事塞翁が馬」で、この挫折がなければ早く就職しようとは思わなかっただろうし、新興の半導体産業に夢中になることもなかっただろう。

多くの人にとって、新卒での初めての職場は「巡り合わせ」であり、モリスも例外ではない。１９５３年にＭＩＴで機械工学の修士号を取得したモリスは、まさか自身がその後ずっと半導体という新しい産業で過ごすとは思ってもいなかった。

モリスが就職活動をしたのは１９５５年で、書類審査と面接を繰り返したのち、大企業のフォード・モーターと小さなベンチャー企業シルバニア・エレクトリック・プロダクツから採用通知が届き、いずれにするか決断を迫られた。当初はフォードへの就職に傾いていたが[注6]、フォードの担当者に対して提示のあった給与額（月479米ドル）を上げられないか交渉したが拒否されたため、若く血気盛んなモリスは月給480米ドルのシルバニアへの就職を決めた。フォードが給与交渉を拒否したことが原因で、モリスは機械分野と縁を切り、思いがけない形で半導体という新たな道を歩み始めた。この心境の変化が、彼のキャリア形成に大きく影響し、人生で大事業を成し遂げることにつながった。

2 テキサス・インスツルメンツでの栄光の25年

半導体の発明と発展は米国で始まった。第1期（1948〜1958年）の中心はトランジスタだった。最初にゲルマニウム・トランジスタ、続いてシリコン・トランジスタが登場した。1958年、キルビーとノイスは、集積回路を発明した。一つの微小なチップの中に様々な電子素子や回路を配置できるようになったことで、電機製品の異なるシステムを一つのチップで制御可能になった。これは半導体開発の歴史を変える大発明であり、集積回路時代が幕を開けた。

幸運なことにモリスは、1955年5月にゲルマニウム・トランジスタ製造のシルバニア・エレクトリック・プロダクツに入社し、3年後の1958年4月にテキサス・インスツルメンツ（TI）に転職した。TIの研究開発部門のトップだったゴードン・ティールがシリコン・トランジスタを開発した直後のことだ。シリコン・トランジスタの開発により、TIはあっという間に中小企業から大企業へと成長を遂げた。モリスはTIの成功を「以小博大（小さな者が大きな者を倒す）」の典型と話す。ベンチャーには大企業のように豊富な人材や資金はないが、技術でブレークスルーを起こせば、わずか数年で既存の大企業を追い抜くことができるということだ。

TIの成長は、伝統的なビジネスや経営の常識を覆した例といえる。1950年代に半導体が登場すると、その後60~70年でハイテク技術の大革新が起き、小さなエビが数年でクジラに成長するという新たなパターンが出現した。初期の半導体企業はもちろん、その後のインテル、アップル、マイクロソフト、フェイスブック、グーグルもそうだった。彼らはそれぞれの業界においてテクノロジーのリーダー、もしくはビジネスモデルのパイオニアとしてわずか数年で急成長し、市場価値において100年以上歴史がある大企業をはるか彼方に引き離した。

前述の通り、モリスが半導体産業に足を踏み入れたのはまったくの偶然だったが、業界に入ったタイミングは絶好だった。最初に入ったシルバニアはゲルマニウム・トランジスタを製造し、次に入った業界の新星ＴＩは、モリスが入社する10年前に、シリコン・トランジスタの開発と集積回路の発明に成功していた。モリスの当時の同僚は全米で、いや世界で最も優秀な半導体のプロフェッショナルだったのだ。彼が業界に入った最初の10年で、半導体技術開発の歴史における重要な3段階のすべてに触れられたことは、キャリアにとって非常に幸運だった。

ＭＩＴを修了したばかりのモリスにとって、半導体の技術進化のどの段階においても、重要な発明をしたのは彼の同僚や友人たちだった。モリスの専門は機械工学だったので、半導体技術については独学に加えて、社内の優秀な同僚から教えを受けた。この二つのルートで精進を重ね、半導体技術を習得することができた。

ＴＩの幹部は仕事で優れた業績を上げたモリスをスタンフォード大学大学院の電気工学博士課程に送った。モリスはそこで、『半導体物理学』の著者であるウィリアム・ショックレーやベル研究所の実験責任者だったジェラルド・ピアソンなど半導体の専門家たちと人脈を築いただけでなく、半導体技術への理解をさらに深めていった。また、ＭＩＴで挫折した博士号取得の夢を叶え、ＴＩに戻ってからは中堅、上級の経営幹部としてリーダーシップを発揮した。１９６４～１９６６年の3年間で、ゲルマニウム・トランジスタ部門、シリコン・

トランジスタ部門、集積回路部門のトップを歴任し、技術力とリーダーとしての資質に磨きをかけた。

２０２０年10月4日、モリスは台湾の清華大学で「経営者の勉強法」というテーマで講演をした。スタンフォード大学で電気工学の博士号を取得後、ＴＩに戻って3カ月もたたないうちに、３０００人の部下のうち２５００～２６００人がオペレーターという事業部門のトップに就任したことについて語り、キャリアの中で最も重要な昇進だったと振り返った。営業部門は管轄していなかったが、半導体部門の全製品の営業方針を決める合同会議に出席できたため、これが経営者としての能力を育成する絶好の機会になったそうだ。つまり、１９５０年代から80年代にかけて、生産、研究開発、業務管理、マーケティングを経験し、役職はエンジニア、マネジャー、半導体部門全体を統括する副社長まで、このようなトータルなキャリアを米国企業で積んだ中華系の人材は、モリスが初めてだった。

こうして米国で様々な経験を積んだモリスは、台湾に帰国するやいなや李国鼎から

ＴＳＭＣという新プロジェクトを任されると、すぐに力を発揮した。これが、台湾の繁栄と、世界トップクラスの半導体開発の成功を導く鍵となった。１９８５年、もし李国鼎がＩＢＭやインテルという米国企業から3人組を台湾に呼び戻し、新竹サイエンスパークで事業を立ち上げるように仕向けなければ、そして、彼らが政府に半導体製造工場の建設を熱望しなけ

れば、現在の台湾における半導体産業の成功はなかっただろう。さらに言うと、1970年代から1980年代にかけて台湾の一流大学が数千人の理工系学生を米国の大学院に送り込み、その後、彼らが修士号や博士号を取得し、現地で半導体関連の仕事に従事したことも、1990年以降のTSMCの急成長とUMCの規模拡大に欠かせない要素だった。現在、米国にはそんな人材が数万人規模でいる。台湾の半導体産業が軌道に乗れば、こうした人材は次々と台湾に集まる。TSMC現会長のマーク・リウやCEOのC・C・ウェイが代表例だ。

マーク・リウは台湾大学電気工学科を卒業後に米国のカリフォルニア大学バークレー校で電気工学の博士号を取得した。その後、ベル研究所とインテルに数年勤務し、1993年に帰国後、TSMCではまず現場主任を務め、豊富な実務経験を積んだのち、TSMC初の12インチウエハー・ファブの計画など複数の新規事業で責任者を務めた。

C・C・ウェイは交通大学（現・陽明交通大学）で電子工学の修士号を取得後、米イェール大学で電気工学の博士号を取得し、米国の半導体業界で働いた。TSMCに入社する前は、シンガポールのチャータード・セミコンダクター（現・グローバルファウンドリーズ）で技術担当・上級副社長を務めるほどだった。TSMCの3Dセンシング（立体画像認識）技術の内部ブリーフィングにおいて、米クアルコムの技術担当・副社長ら大勢の業界人がこの技術に否定的だったが、ウェイは支持した。彼の先見性は、アップルがこの技術を使ってFace ID

（顔認証システム）を開発し採用したことで証明された。これはウェイの業績の一つだ。

リウとウェイの例のように、現在の台湾の半導体産業が世界的な力を持つようになったのは、米国に渡って学んだ多くの優秀な人材のおかげである。

このようにモリスが帰国した１９８６年、台湾のファウンドリー産業にはその後の発展の勢いを加速させる「天（好機）、地（地の利）、人（人材）」が整っていた。

モリスはＣＥＯの責任について、興味深い定義をしている。「ＣＥＯの最大の責任は、外の世界を企業の中に取り入れ、社内のあらゆるリソースを動員して社外の課題に対応することだ。ＣＥＯは企業と外界をつなぐ重要なパイプである」。この言葉は、世界のグローバル企業におけるＣＥＯの役割を示す、実に説得力のある適切な説明だ。

人生にもビジネスにも驚きがあふれている。挫折しても、志を失わず努力し続ければ、道は拓けていくものだ。モリスはＭＩＴでの博士号取得に2年連続で失敗したが、その代わりに半導体業界への扉が開かれた。そして、政府首脳が3人の起業家からのウエハー工場建設の要請をどう解決するか苦慮していたことで、モリスのキャリアは突然の転機を迎えた。モリスは、その後30年以上にわたって台湾に繁栄をもたらす半導体ファウンドリー産業にとって最高の人材だった。こうして個人の運命と国の産業の運命が交わり（仏教で言うところの「因縁《いんねん》和合《わごう》」「すべてのものは因と縁が合わさって生じる、という意味」」）、台湾にとってもモリスにとっても幸せな出会いとなった。

3 実践から学ぶ——モリス・チャンの政治の知恵

「学びに終わりはない。生きている限り学び続ける（活到老，學到老）」という言葉は大人になってからもよく聞くが、現在の台湾の教育制度では、大学受験のための詰め込み教育がメーンで、入試が終わった途端に勉強から遠ざかる人も少なくない。その結果、新聞、雑誌、インターネットという限られた範囲から受動的に情報を受け取るだけになる。それでは、知識や視野は狭まり、自律的な判断力を養えない。

モリスは「学びに終わりはない」の実践者だ。

自伝の中で、シルバニア・エレクトリック・プロダクツの入社当初、半導体についてどう学んだかを語っている。「まず独学から始めた。教科書はショックレーの古典『半導体物理学』で、初心者にはかなり難しい本だった。一語ずつ、一文ずつ、一段落ずつゆっくり読み、読んでは考え、考えては読むを繰り返し、この本の重要な部分を理解した」

モリスがＭＩＴで機械工学を専攻していたのと同様に、半導体業界の著名なリーダーの中には、大学で電気・電子工学を専攻していない人も少なくない。例えば、「台湾ＤＲＡＭの父」こと高啓全が米国で学んでいたのは化学だ。彼らは才能とたゆまぬ努力と実践を通して、半導体の知識と能力を身につけていった。モリスも一線を退く直前まで、毎週、技術関連の文献やレポートを読み、業界の最新動向を追い続けていた。

ＴＩに入社して4年目、上層部はモリスをスタンフォード大学の博士課程に、全額会社負担で送った。これは、多くの博士を擁するＴＩの研究開発部門の責任者への抜擢を見据えてのことだった。モリスは2年半で夢にまで見た博士号を取得し、ＭＩＴでの雪辱を果たし、社会人として「学び」の手本となった。

モリス・チャンの政治知識

モリスは55歳で帰国しＴＳＭＣを創業したが、実はその前に、彼は行政院の科学技術顧問団のメンバーとして、台北や新竹を訪れ何度か会合に参加していた。だが、台湾の政治や文化の習慣についてはまったく知らなかった。私は１９８６年からモリスを取材しているが、この35年間で見てきたのは、その半生を海外で過ごした壮年の男が台湾で起業し、産官学のあらゆる分野の人と接しながら自らを修練する姿だった。

数十年にわたり彼は仕事と生活において独自のスタイルを貫いた。これまで一度もゴシップやネガティブなニュースを報じられたことがない。数万人の社員を率いているのに、社員からのマスコミへのリークもない。唯一、新聞やテレビが報じたネガティブな出来事は、モリスのCEO退任後、跡を継いだリック・ツァイ（蔡力行）が、CEO就任3年目に数百人の従業員を予告なしに解雇したことだ。解雇された従業員はマスコミに訴えただけでなく、モリスの自宅にまで抗議に出向いた。モリスが直接手を下したことではないが、彼にとって初めてのネガティブな報道だった。

台湾で企業経営者が最も恐れるのは、政治家や投資家とのトラブルだ。政治家に恨みを買うとその後、報復や水面下での脅迫を受け、投資家の場合は、株主総会でポピュリスト的に振る舞い他の株主を感情的に煽る。どちらもやっかいだ。

モリスならどうするのか。彼にはこんなエピソードがある。1980～1995年の台湾株式市場は、急騰して株価指数が2万ポイントを超えたかと思えば急落していた。当時、株式情報を牛耳っていたメディア関係者がいわゆる企業派や市場派と結託し、偽の情報を流して株価を操作する不正が横行していた。ある企業の株について、メディアで「今が買い時だ」と煽ってポジティブなニュースを流し、株価を吊り上げたところで全株を売り抜ける。

あるいは、特定の銘柄を意図的に空売りし、株価が下落したところを結託した相場師が大量購入し、値上がりを待つこともあった。最も不運なのは、メディアの情報を信じてしまった個人の投資家で、中には全財産を失ってしまう者もいた。モリスが率いるTSMCはどうしたのか。モリスはメディアとの接触を避け、取材の希望があれば記者会見などの公開の場で堂々と説明し、個別のインタビューには応じなかった。モリスが工研院の院長に就任して3カ月後、私はあるテレビ番組の有名コメンテーターと一緒に、彼が初めて開いた記者会見を取材した。その記事をこのコメンテーターが大手新聞で発表したところ、数日後にモリスから「あなたの報道は記者会見の発表内容とは相違がある」と書かれた手紙が送られてきた。台湾では大手新聞社の記者は「無冠の帝王」（台湾では1987年に戒厳令が解除された後、88年には報道規制も解除され、自由に報道できるようになった）と呼ばれ、たとえ記事に間違いがあっても、役人や企業幹部は怒りを飲み込み、内々に訂正をお願いするのが関の山だった。そのため、モリスが抗議文を送ったことが知られるようになると、メディアではTSMCの記事やモリスの言葉を引用する際、不正確で誤解を招くような表現は慎まなければならないという空気が広まった。もし、いい加減な記事を出せば、よくて抗議文、へたをすると訴訟問題に発展しかねないとメディアは考えるようになった。さらに、TSMCは数十年来一貫して、記者やマスコミ幹部をもてなしたり、会食や広報行事に招待したりしたこともない。

記者はモリスやＴＳＭＣと「個人的な関係」を持つことはなく、両者が接するのは記者会見や決算説明会に限られる。当然、株価操作に手を染める「マスコミのクズたち」は、ＴＳＭＣ株の株価操作を諦めざるを得なかった。ＴＳＭＣは台湾株式市場の時価総額の２割を占める２６００万株の株式を発行しているが、会社のトップから誤解を招くような憶測が流れたことは一度もない。

政治家や官僚に対するモリスのスタンスはどうか。モリスの政治への関わり方は、米国の大企業での長年の経験に基づく倫理観や価値観が影響している。ＩＢＭ、ＴＩ、インテルといったグローバル企業の経営原則は「ジャーナリストや政府高官を買収してはならない」「事実を無視してメディアをミスリードしてはいけない」だ。これらの原則はモリスの心に深く刻まれ、ＴＳＭＣの経営理念やガバナンスに生かされている。

過去数十年を振り返ると、ＴＳＭＣの経営陣は、新竹、台中、台南の地方官僚やサイエンスパークの責任者と接する時、常に科学的、専門的なデータなどに基づいてコミュニケーションを図り、その場しのぎではなく、十分に準備してから臨んでいた。ただし、地方政府が窮地に立たされている時や、有意義なプロジェクトを計画している社会貢献団体が資金面で困っている時には、ＴＳＭＣやモリスが主導する財団などを通じて援助の手を差し伸べる。こうした公益活動については第６章２で触れる。

民主主義社会では必ず選挙があり、候補者がどんな選挙活動を展開できるかは資金の規模によって決まる。政党の候補者は選挙資金を集めるために必死であり、大企業や中堅企業のトップに政治献金を求めてくる。一度献金すると、地方議員選、市長選、立法委員選、果ては総統選まですべてに寄付しなければならなくなる。企業経営者の多くはどの陣営も敵に回したくないため、来る者には誰にでも寄付していた。しかし、モリスはこの慣例を破った。彼はTSMCを創業する際に、「個人献金と便宜の計らいの禁止」という鉄則をつくった。政治家たちにも徐々にモリスの方針が知れ渡り、そのうちTSMCに献金を願い出る者はいなくなった。このような企業は台湾では珍しく、ビジネス界に新しい風を吹き込み、模範となった。

モリスはTSMC以外での公的な職務も、強い責任感をもって務めた。台湾の科学技術顧問として様々な国の会議に出席すると、自身の知識を惜しみなく披露した。TSMCを創業する際、政府首脳の支持と関与の重要性を体感した。そのためどの党が政権を握っているかに関係なく、国や社会にプラスになるのなら、公的な仕事を受けるようにしている。異なる党派の総統のもとで、APEC台湾特使を務めたのがその例だ。歴代APEC台湾特使の中で彼は最も政治色が薄いうえ、TSMCが空前の成功を収めていたこともあり、中国を含む各国のリーダーとも気兼ねなく意思疎通を図ることができた。APEC特使として非常に有能だった。

一方、民間団体での活動は慎重だった。私の記憶では、台湾半導体産業協会の設立時に、モリスが初代理事長に就任し、同協会をスムーズに立ち上げ運営したが、それ以外の業界団体の仕事は受けていない。台湾の3大業界団体といわれる工業総会、商業総会、工商協進会から何度も誘われたが、すべて辞退した。

多くの人は、この3団体が台湾最大の業界団体と思っているが実はそうではない。李国鼎がハイテク産業政策を担当していた時代、私は記者として彼の動きを追っていたが、李国鼎がこの3団体に意見を求めることはなかった。彼がアドバイスを求めたのは、当時スタン・シーが理事長を務めていた台北市コンピュータ協会と台湾区電機電子工業同業公会だった。この2団体は会員数（2万～3万人）、産業規模（台湾の輸出額の7割以上を占める）、専任スタッフの数（150～350人）から見てトップ2だった。ちなみに、中華民国情報サービス産業協会の専任スタッフは100人程度だが、それでも業界団体としてトップクラスの規模を誇る。長年にわたって経済や産業振興を担当する政府高官は、前述の3団体と政策について話し合おうとしてきたが、これらよりも専門的で産業を代表するのが後者の3団体だ。

第4章

TSMCの七つの競争優位性

長年、多くの専門家や学者がTSMCの競争力について研究しているが、私は次のようなコアとなる競争力があると考えている。具体的には、①制度は米国式だがリーダーシップは台湾式、②2万人の研究開発・技術チーム、③一流で実用的な企業文化、④卓越した技術と知財戦略、④完成されたサプライチェーン、⑤競争力のある報酬制度、⑥革新的ビジネスモデルだ。これらのコアコンピテンシー要素を理解すればするほど、今後10年もTSMCがファウンドリーのトップであり続けること、きわめて高い粗利率を維持していくことへの核心に迫ることができる。

1 制度は米国式、リーダーシップは台湾式

TSMCの制度は一種の伝説であり、台湾の中堅から大企業が見習うべきモデルとなってきた。『天下雑誌』が2021年に発表した「台湾製造業トップ1000社」によると、年間売上高が1000億台湾ドルを超える企業は39社、100億台湾ドル超は283社だった。売上規模は拡大しており、世界中に子会社や支社を持つグローバル企業も少なくない。しか

し、組織をコントロールする制度を国際化するのは簡単ではない。米ＩＢＭやゴールドマン・サックス、独メルセデス・ベンツ・グループやＢＭＷのような制度を構築するのは至難の業といえる。

専門性があり様々な国で事業展開する企業の制度設計はなぜ難しいのだろうか。台湾の中堅・大企業は50年以上にわたって米国や日本の製造管理技術を学んできた。ただし、模倣ではなく、進化させせた。製造受託では日米を追い抜き、コンピューターや電子製品に関して世界屈指の供給センターとなった。これは、調達、生産技術、サプライチェーン・マネジメント、国際物流、品質管理、設計、研究開発など、3～5年程度では追いつけない技術革新の積み重ねだ。

しかし、この生産関連のマネジメントを最適化させるために、財務、人事、研究開発や営業、マーケティング部門で一流の制度を設計するのは容易なことではない。

そこには二つの要因がある。第一の要因は、経営者の意思決定やリーダーシップのスタイルだ。台湾の製造業には「計画は変化に追いつけない。その変化はボスの心の変化ほどは大きくない」という格言がある。ＩＢＭやマイクロソフト、アップルなどのグローバル企業には、戦略的計画と予算の仕組みがあり、各部門は予算計画に従って業務を進めていく。たとえ市場や顧客の動向に急激な変化が起きても、２００８年の世界金融危機のような激震のケースを除くと、基本的には計画で認められる範囲内で調整を図る。収益構造は長年の実績に基づいて築かれており、大きく変動することは少ない。もちろん、予算や人事などの制度設計は、高い収益を生み出すことが大前提になっている。グローバル企業が本社から世界各地の支社に至るまで効果的な管理・運用を実現するために、こうした制度は欠かせないものだ。

だが、台湾の企業は違う。市場が変化して突発的に受注やプロジェクトが舞い込み、計画全体がまったく変わってしまうことが少なくない。台湾ではこれが常態化しているため「計画が変化に追いつけない」という現象が起き、それが何度も繰り返されると、予算制度も行き詰まってしまう。

もう一つの要因は、過去における台湾企業の成長率の高さだ。１９７０年代の一般消費者向け製品の製造から、１９８０年代のコンピューターやエレクトロニクス産業まで20～30年にわたって輝かしい急成長を遂げたため、企業は次から次へとやって来る注文をこなすため生産に忙殺され、組織の制度化など二の次になっていた。

日米欧の企業を見ると、１００～２００年もの歴史を持つ企業が多数あるが、台湾や中国にはほとんどない。特に、製造業は急速な技術革新の荒波の中で、経営を続けること自体が難しい状況にある。そのため、台湾企業では、制度をつくって運用するよりも、人のリーダーシップで治める「人治主義」の色彩が強い。

ＴＳＭＣが他のアジアの大企業と異なるのは、経営者のモリスが社会人になった当初から米国の一流企業で30年近く教育を受けてきたことだ。そのおかげで、製造部門や販売部門が活性化する良い制度も悪い制度も見てきた。その経験から、ＴＳＭＣで業績を拡大させる中、各部門でよりよい制度を構築するため、優秀な幹部の採用を意識するようになった。こうして創業から40年に満たないＴＳＭＣは、60～70年の歴史を持つ企業でも成し遂げられなかった「制度化」を実現した。その経緯について、さらに探ってみよう。

制度づくりは最初が肝心

ＴＳＭＣの制度を理解するためには、モリスの創業時の企業理念を知る必要がある。１９９４年の講演で、モリスはこう語っている。

「半導体ビジネスは市場も競争もグローバルであり、（中略）優秀な人材を確保し、技術変化の激しい業界で世界トップクラスの大企業と競争するためには、私たちも世界レベルの経営を実践しなければならない。世界レベルの経営とは何か。経営はもちろん国の文化によって異なる点はあるが、共通点を挙げるなら以下の通りだ。

・権威主義ではなく、リーダーシップによるマネジメント
・フラットな組織
・研究開発を重要な仕事と位置付ける
・能力主義で雇用し、社内コミュニケーションは可能な限りオープンにする
・従業員は絶えず評価されるべきで、優秀者には報酬が与えられ、評価が低い者は改善を求められるか、排除される
・従業員が株主と利益を分かち合えるようにする」

これらはのちにＴＳＭＣの制度と企業文化を形成する主軸となった項目だ。私はその後の発展を見てきたが、モリスはこれらの原則を忠実に守っていた。

例えば、ＴＳＭＣは非常に魅力的な賞与制度を持つ。２０００年以降、純利益が売上高の20％を超えた場合、その年の賞与は少なくとも月給の6～18カ月分が支給されることになった。これにより、この5年を見ると、社歴1年以上の技術者の年収は１７５万台湾ドルを超えている。また、２０２０年には「四半期配当」も始めた。これは台湾株式市場初の革新的な試みだ。

第二に、モリスは２０００年に人事担当副社長としてシンガポールのグローバル企業の幹

部を引き抜き、人事部門の責任者の地位を事業部門や生産部門の副社長と同等にした。そして、人事部門の行動規範「プロフェッショナル、公平、超然」を確立した。それから20年、TSMCの人事部門は国内外の人材サイトなどを活用し、優秀な人材を探し出しては積極的に面接し、中堅幹部の人材を幅広く拡充している。どんな人材の供給チャネルも見逃さずくまなく探すことが、優れた人材を発掘する秘訣だ。

私はかつて『李國鼎的管理（李国鼎のマネジメント）』という本を書くために、モリスを取材したことがある。その時、モリスから「本のタイトルには『管理（マネジメント）』という言葉を使わないほうがいい」とアドバイスを受けた。人について語る時は「管理」ではなく「リーダーシップ」のほうがふさわしいというのだ。モリスが工研院院長に就任してからの数年間、工研院の会長も院長もすべて政府が任命し、年度予算の大半は経済部が出していた。制度上は営利組織でも政府機関でもなく、「準政府機関」という表現が近かった。そのため、欧米型のリーダーシップモデルは適していなかった。しかし、TSMCは当初から公設民営と位置付けられ、従業員の7割以上が優秀な大学を卒業した理系の人材だ。それを束ねるトップには、十分な統率力とカリスマ性が求められる。これが、モリスが強調した「管理ではなくリーダーシップ」の真意だ。

台湾で成功した企業経営者たちとモリスの違いは、彼がキャリアの最初の29年間を米半導体業界のトップクラスの人たちと過ごし、一番下の技術者からスタートし、出世したことだろう。時に部下として、時に上司として、指導される側もする側も経験し、様々な立場で考え方やスキルを学んだ。特に、1961年からの約3年間、スタンフォード時代に得た「実践しながら学ぶ」精神は、のちの彼の人生に大きな影響を与えた。この間、モリスはシリコンバレーの技術者たちの特性を知った。彼が語るその特性はとても的確だ。

「カリフォルニアの技術者は、既成概念にまったくとらわれない。基本的に彼らは非常に勤勉だ。深夜遅くまで工場で働くこともいとわないが、朝は定時に出勤したがらない。家でも、ゴルフ場でも、ヨットの上でも常に仕事のことを考えているが、週に何時間勤務するかを決めたがらない。上司への態度はフランクで、時に生意気でさえある。それは、彼らの忠誠は仕事に対してであり、上司や会社ではないからだ。待遇については現実的で打算的だ。多くの若者が一攫千金を夢見ているため、離職率は他の地域より高い。規律には欠けるがエネルギーにあふれ、人や組織への忠誠心は高くないが仕事にかける情熱が低いわけではない。彼らのような人材をうまくリードできれば、創造的でダイナミックな集団になるが、リードを誤るとただの秩序のない集団になってしまう(注5)」

モリスの最初のキャリアは、新興の半導体ベンチャー、シルバニアでの経験であり、3年働いた後、TIに転職した。TIも在職した25年で中堅企業から大企業に成長した。その後、ジェネラル・インストゥルメント（ＧＩ）で大企業のＣＥＯを1年務めた。１９８７年にＴＳＭＣを創業し、モリスは中華系の人材として初めて、米国のトップ１００社に入る大企業でＣＥＯを務めた。29年間で一介のエンジニアからマネジャー、経営者へと上り詰めたモリスは、それぞれの役職で生産からマーケティングまで異なる能力と特性、そして役割の違いを学んだ。同時に、ベンチャーと大企業のガバナンスや組織文化の違いも目の当たりにした。台湾でゼロからの創業を任された時、モリスが持っていたビジョンとリーダーシップスキルは、多くの新興企業の創業者よりもはるかに高いレベルにあった。

台湾企業では、目先の仕事をどんどんこなしながら場当たり的にやり方を改善したり、創業者の胸先三寸で組織制度がくるくる変わったりすることがよくある。しかし、これでは、企業規模が大きくなればなるほどコーポレートガバナンスの確立や誠実で実行性を伴う企業文化の醸成が困難になる。

一方、ＴＳＭＣの制度やマネジメントを深く見ていくと「外見は米国式、中身は台湾式」というのがわかる。取締役会の運営がいい例だ。

２０００年当時、会長だったモリスは、取締役会の構成について9人中5人を独立取締役にするという先駆的な決断を下した。これは、創業者や大株主が意のままに取締役会を支配していた従来の企業とは対照的な動きだ。彼らは会社全体の利益よりも自分や一族のために会社を動かそうとする。会長やＣＥＯが真剣に経営に取り組んでも、持ち株比率が低ければ、経営権を狙うハゲタカ軍団に取締役会への侵入を許し、結果として経営方針がねじ曲げられてしまうこともある。その対策として米国では、取締役会の過半を独立取締役が占めるようにしておく。そうすれば、会長や経営陣が誠実で有能であれば、独立取締役は現経営陣を支持するからだ。

ＴＳＭＣの独立取締役を21年間務めたスタン・シーは、長年にわたり同社の報酬委員会や監査委員会の委員長や委員を兼任した。スタン・シーはエイサーグループの創業者であり、ＣＥＯや会長を歴任した経験から台湾のテクノロジー分野における組織や人材の運用や管理制度に精通しており、ＴＳＭＣの報酬制度や内部統制、情報セキュリティー、財務などの仕組みの構築に多くの助言をしてきた。これは取締役会がコーポレートガバナンスを効果的にサポートできることを示した好例だ（第5章5を参照）。

もちろん、ＴＳＭＣの管理体制は一朝一夕にできたものではなく、段階的なプロセスを経ている。例えば、最高財務責任者の任命は、フィリップスが大株主だった頃は同社の承認が必要だった。１９９７年に財務責任者に就任した張孝威は、自身の回想録で次のように振り返っている。(注5)

「国内の多くの企業と異なり、モリスは官僚や大株主から干渉されることなく、自分の理想や思いに従って社内制度を構築し企業文化をつくり上げた。同様に、賞罰の区分を明確に定めた評価制度を導入した。管理職は独立取締役が運営する報酬委員会の方針を尊重し、従業員の経歴などを気にせず、業績だけを評価した。モリスは当初から、公正で専門性がある仕事に合った評価制度を確立し、それを厳格に実施した。多忙な業務を理由に制度や規則を無視したり、改悪したりすることはなかった。上の者が実行すれば下の者もおのずとついてくる。各部門の責任者が制度を尊重することで組織に制度を遵守する精神が生まれた。こうしてTSMCは、世界の半導体産業のモデルとなっていった」

顧客サービスと実行力

TSMCと長年取引している顧客やサプライチェーンのパートナーは、TSMCの上層部から現場に至るまで実行力が高く感心すると口を揃えて話す。顧客から受託したプロジェクトに対して明確な目標を持つだけでなく、製造受託という役割分担をしながらも「パートナー」として実行する。つまり、営業、研究開発、生産の各部門がプロジェクトのもと一体となって取り組むことを意味する。TSMCの企業文化においては「知っている情報は会議や報告ですべて開示し、すべて共有する」ことが求められる。そのため、顧客との認識の違いや情報ギャップが最小化されるだけでなく、課題が明確になり、連携して問題解決に向かうことができる。これが社内や顧客との間での無駄を最小にし、実行力を最大にする秘訣だ。

TSMCの上級幹部によると、リック・ツァイ（蔡力行）がCEO〔就任は2005年〕を務めた前後の約10年間で、研究開発、営業、生産の3部門のチームワークが同社の強みになっていったという。どんなプロジェクトでも3部門からなるチームが結成され、初日から全員が会議に参加し、メンバー同士が全力で支え合いプロジェクトを進めていく。リック・ツァイは2016年に半導体設計開発企業、メディアテックの創業者・蔡明介に請われて同社のCEOに転じた。メディアテックに詳しい外資系証券アナリストは「ツァイ氏はTSMCの事業を熟知しており、それが間違いなくメディアテックの助けになる」と述べた（『商業周刊』1734号47ページ）。TSMCが顧客の研究開発を支援するために使うツールやリソースを深く理解しているツァイは、メディアテックの研究開発部門に対してこれらのリソースを最大限活用する方法を指導するとともに、TSMCとの強いつながりを構築した。これはメディアテックのハイエンド向けの製品開発の大きな助けとなった。その結果、メディアテックは2019年末、ライバルのクアルコムに先駆けて5Gスマホ向けチップを予定より早く発売した。ツァイがTSMCで培った実行力をメディアテックに持ち込み、徹底的に実践した結果だ。

また、ツァイはTSMCの副社長時代に、モリスのもとで多くの中核プロジェクトに参加した。その経験から、メディアテックの競争力強化に二つの方向からアプローチした。一つ目は本章ですでに述べた「制度化」だ。メディアテックは長年、文字通り「身を削る」働き方が各方面から批判されてきた。研究開発部門はパフォーマンス向上とKPI（重要業績評価指標）達成のためほぼ毎日、夜の22時や23時まで長時間労働を強いられていた。このような状況で従業員が「楽しさ」を感じるとは思えず、長期的には生産性に悪影響を与える。重要なのは、効率的でありながら人間的な働き方と文化の確立だ。

二つ目は、研究開発、営業、生産という3部門によるプロジェクトチームで顧客に対応した。これは前述のようにツァイがTSMCのCEOだった時に導入した手法だ。そうすることで、顧客は会議や意見交換の場で、三つの部門による異なる視点からの意見を知ることができる。TSMCでは経営理念の第1条「誠実であれ」において、会議の場で包み隠さず率直に議論し、会議後に裏で顧客や同僚に意見することを厳に禁じている。3部門が一貫して目指すのは顧客に対するコミットメント（約束）であり、一度決まったことに対して3部門は実現に全力を尽くす。

台湾のコンピューター業界や昔からある産業では、顧客対応は基本的に営業部門が担い、問題を解決できなければ研究開発や生産の部門が対処するが、多くの場合、部門間のコミュニケーションに手間取り「効率」が失われる。また、営業担当者が注文を受けたものの、生産部門が手一杯でフル稼働状態だった場合、営業部門の担当者は生産部門に計画の変更や調整を求めにくい。そうなると納期や品質が簡単に損なわれてしまうおそれがある。TSMCでも3部門チーム制を導入した当初は部門間で摩擦が生じた。互いに歩み寄るのに数年かかったが、定着すると顧客サービスの効率が格段に上がり、社内外での「裏での駆け引き」が大幅に減少した。

メディアテックが成長すればするほど、台湾の半導体産業の力が高まり、TSMCにとっても超大手の顧客が誕生する。また、前述の取り組みがメディアテックの企業文化として浸透し、力を発揮する日が来れば、世界最大のIC設計企業であるクアルコムを抜いて、売上高と時価総額で世界一になることも夢ではない。これは、TSMCやエヌビディアとともに世界3大半導体企業となることを意味する。実現すれば、21世紀の台湾のハイテク業界において、画期的な出来事になるだろう。

営業秘密の保護

第4章4でも述べたように、TSMCは28nm、15nm、12nm、7nm、5nm、3nmプロセスで

競合他社を大きくリードしている。2・5D／3D積層技術でも抜き出ており、2万人の技術者チームは長年にわたり顧客企業のため、歩留まり率の問題解決に取り組んできた。TSMCが蓄積してきたこれらの機密情報や特許ノウハウは、競合企業なら喉から手が出るほど欲しいものだ。TSMCでは、盗難やハッキングによる情報漏洩を防ぐため、様々な防止策を取っている。

一つ目は入退室管理だ。従業員にはスマートIDカードが配布され、入退室がすべて記録されるだけでなく、異常な行動（入室権限のない部署や工場への出入りなど）を自動的に分析・把握し、管理者に注意喚起される。会社の情報システムへのアクセスは米CIAと同様、階級によって異なるアクセス権を付与している。例えば、海外支社の従業員がアクセスする場合、データの閲覧のみで印刷不可、もしくは閲覧して一定時間が過ぎるとデータが自動消去される。工場やオフィスに入る際、個人の携帯電話の持ち込みは禁止されており、セキュリティーが維持されている社内ネットワークの利用以外で、内外への緊急連絡をする場合に使用可能なのは会社支給の携帯電話のみだ。私は取材のため、本社にあるモリスのオフィスを訪ねた時、トイレに行きたくなったのだが、決められた場所以外を出入りするには来客用のカードを交換する必要があった。TSMCでは会長から一般の従業員まで例外なく、秘密保持のための規則に従うよう求めており、この徹底ぶりが制度を持続可能にしている。

多くの業務プロセスや、国内外の部門や工場をまたがる企業秘密やデータを守るため、最先端のソフトウエアやネットワークセキュリティーが導入され、蟻一匹も通さない厳重な体制が敷かれている（詳細は第5章5を参照）。

2 競合他社を圧倒する数の技術者チーム

ここでは、長年見過ごされてきたＴＳＭＣの重要な競争力の一つ、すなわち、キャリア20年以上のベテラン幹部と、キャリア5～10年の敏腕技術者からなる約2万人の技術者チームに注目したい。彼らは精密製造技術と研究開発を専門としており、このチームこそ他社の追従を許さないＴＳＭＣ最大の資産だ。

２０２１年3月末、世界の半導体産業に激震が走った。インテルＣＥＯに就任したばかりのパット・ゲルシンガーが「ＩＤＭ２・０」戦略を発表したのだ。それによると、２００億ドルを投じて二つの工場を建設し、自社のマイクロプロセッサーを生産するほか、ファウンドリー事業にも参入するという。この発表後、ＴＳＭＣの株価は2日連続で下落し、半年ぶりに570台湾ドルを割り込んだ。インテルの新戦略はTSMCにどれほどの脅威を与えるのだろうか。

ここでポイントになるのが、多才な人材が集まったTSMCの技術者チームだ。

TSMCでは1994年の上場前後から、台湾の理系名門大学の学部卒、院卒の採用に力を入れ、2000年にはキャリア10年以上の技術者が3000〜4000人になった。同じ年、徳碁半導体と世大積体電路の2社を買収したことにより、TSMCはいくつかの先端プロセスの設備を手に入れたほか、キャリア3〜5年の優秀な技術者1000人以上を獲得した。これら数千人の技術者は、その後、世界有数のテクノロジー企業から幅広い領域のプロジェクトを受注したほか、先進国の軍事・航空・宇宙産業などから超高精度チップの製造を請け負うため訓練されてきた。彼らは、生産・研究開発部のチーフエンジニア、マネジャー、シニアマネジャー、部長、副所長と順調に昇進して中堅幹部となり、多種多様な問題解決能力を身につけた。この20年間で退職した約1000人を差し引いた数千人規模の熟練幹部たちがキャリア10年以上のベテラン技術者2万人を率いており、これこそが最大の武器になっている。

2021年6月、TSMCのウェイCEOは自社の技術フォーラムで、2020年に同社は280以上の技術を駆使し、500以上の顧客に対し1万1000種以上の製品を製造したと述べた。これらは経験豊富な技術者チームの血と汗の結晶だ。

インテルはこのタイミングでファウンドリー分野に参入した。けれども、200億米ドルの半分をファウンドリー事業に投資しても、月産数十万枚のウエハーを生産するため台中の7㎚工場と台南の5㎚工場にそれぞれ250億米ドルを投資したTSMCにはまったく及ばない。それを考えるとそこまで驚くほどの投資ではない。ファウンドリーのコアコンピタンスである歩留まり率の改善についても、インテルにも経験豊富な技術者はいるが、自社チップの開発・生産の経験しかなく、TSMCのようにアップルのスマートフォン用チップやエヌビディア向けのグラフィックチップ、AIチップの開発など様々なニーズを持つ顧客向けにチップの開発や生産を手がけた経験がない。豊富なプロジェクト経験を持つTSMCの約2万人の技術者チームに太刀打ちすることはできないだろう。

現時点でインテルは、7㎚プロセス（TSMCの5㎚プロセスに相当）において歩留まり率の壁を突破できていないが、TSMCの台中にある5㎚工場は、2020年に量産体制に入っている。インテルの技術はTSMCより1・5世代、時間にして2、3年ほど後れをとっている。ベテラン技術者は質、量とも及ばない。TSMCの優位性は大きく、「台湾の守り神」はそう簡単には揺るがない。

技術者の報酬面でも、2021年初めにTSMCは20％引き上げ、キャリア1年以上の技術者の年収は少なくとも175万台湾ドルとなったことはすでに述べた。台湾で働く技術者には、社員寮、1日2回の食事が提供されるほか、配当金にかかる税を会社側が負担している。(注4)これらを踏まえて、実質の購買力をインテルの技術者と比較すると、TSMCの技術者のほうが2割以上高い。30年の努力の積み重ねで、技術者の所得はついにインテルを上回るようになったのだ。つまり、結論としては、インテルが放った「IDM2・0」という爆弾は不発に終わり、攻撃力も競争力も恐るるに足らずといったところだ。

ファウンドリー技術で優位性を確立するため、モリスたち経営陣が創業後の数年で最も力を入れたのは「技術系人材の充実」であり、人材こそがTSMCを半導体産業の雄に押し上げると考えた。モリスは次のように分析した。典型的な半導体企業では、「間接作業者」の数が「直接作業者」を上回ることが多く、「間接作業者」の大半は技術者だ。TSMCでは理工系の学士号以上の学歴を持つ人材が7割以上を占める。実は台湾の大学の平均水準は非常に高く、理工系を専攻する学生の比率も欧米諸国より高いため、豊富な技術人材の供給源がある。

また、モリスは次のことに気づいた。「米国の半導体産業で、すでに数万人の台湾人が働いている。彼らのような経験豊富な人材は、(中略)台湾の半導体産業の未来にとって重要なリソースになるのではないか」

1980年代に経済部長だった趙耀東は、台湾大学など名門大学の学生は、その大半が卒業後に米国に留学しており、「教育リソースの浪費だ」と批判した。当時の政府は、理系進学を奨励し、理工学系を主とした専科学校［台湾の高等教育機関。日本の短大に相当する2年制と、高専に相当する5年生の2種類がある］100校以上を設立し、20校の総合大学に理工学部を設置し、電気、電子、機械、化学、材料工学の人材を大量に育成した。そのうちの大半は米国に留学して就職し、コンピューターや半導体、情報通信業界で働いた。そして30年後、彼らは台湾の主要輸出産業にとって重要な人材供給源となった。まさかこのような結果を生むとは、趙耀東ら当時の政府首脳は思いも寄らなかっただろう。

採用という点では、現在、TSMCには博士号取得者が2000人以上、修士号取得者が2万5000人を超える。幹部の多くは中国、東欧、米国、インド、さらにロシア出身者もいる。台湾の一部には、TSMCが国内の優秀な技術者を独占しているという批判もある。だが、人材には自由に職を選べる権利があり、TSMCに誰が入るべきで誰が入るべきでないなどと、とやかく言うべきではない。企業が優れた業績を上げ、従業員に高い給料を払っていれば、人材は自然と集まるものだ。称賛されることはあっても批判されるべきではない。

しかも、ウエハー製造には数百から数千の工程があり、それぞれに様々な物理的要因が絡むこのような複雑で精密な製造工程で、99・9%以上の歩留まり率を量産で達成することは非常に難しい。何千ものチップの開発・製造プロジェクトに日夜努力を重ねるキャリア10年以上の優秀な技術者で構成された2万人規模のチームがいなければ、TSMCは現在のように世界の同業他社をリードする卓越した実績を残せなかっただろう。

3 一流かつ現実的な企業文化

欧米の100年以上の歴史がある老舗企業を研究してきた経営学者の多くは、成功の鍵として「企業文化」を挙げる。

創業から最初の10年、モリスは資金調達、技術移転、人材育成、顧客開拓などが落ち着くと、生産や営業の仕組みを構築すると同時に、最も重視したのが「企業文化」だった。彼はまず自身の考えを英語で書き記し、一字一句を推敲して中国語に翻訳していった。

多くの専門家や経営学者が、TSMCと台湾の5大エレクトロニクス企業（売上高5000億台湾ドル以上で、グループ会社を数十社有する）を比較した結果、経営、制度、利益、技術者人材の全項目においてTSMCがリードしており、さらに分析を進めると最も重要なコアバリユーは「企業文化」であることに気づいた。

歴史があり規模が大きいほど企業理念や企業倫理が重視され、たいていは1、2フレーズに集約されて社内外で定着することが多い。しかし、これらに反する行動をとるオーナーや役員、従業員も少なからずいる。そんな企業は、図体だけ大きくても中身が伴っていない。2021年3月、エレクトロニクス業界でトップ5に入る企業の創業者のひとりが、グループの企業買収に関する情報を親しい女性に漏らし、女性は6000万~7000万台湾ドルの利益を得た。その創業者の資産、数百億台湾ドルと比べると大した額ではないが、企業倫理やコアバリューから逸脱した犯罪行為だ。

企業文化とは、創業者から経営幹部、一般の従業員に至るまですべての組織メンバーが心の底から賛同し、長期的に実践して初めて醸成される。特に、創業者は幹部たちとともにあらゆる面で模範を示すべきだ。この認識を前提にTSMCの企業文化について見ていこう。

TSMCを創業して最初の5年間、モリスは他のベンチャー企業と同様にまずビジネスモデルと生産プロセスの確立、幹部人材の確保に注力した。この三つの重要分野を整えるだけでも、かなりの努力が必要だった。しかし、多くの経営者は、経営が軌道に乗り成長段階に入ると、事業の拡大しか目に入らなくなる。創業当初は企業文化を長期的に築こうとする意図があっても、結局は目の前のビジネスに関心が移ってしまう。あるいは、当初から収益優先で、企業文化や社内体制づくりとその遵守にまで手が回らない。だが、様々な事例の分析を進めると、事業の成長と企業文化には正の相関関係があることに気づく。各部門の運営が軌道に乗ったあと、背後にしっかりと確立された企業文化があれば、企業はそれに基づいて軌道修正を図りながら、ブレずに健全な成長を遂げることができる。ＴＳＭＣでは創業以来、内部から後継者を登用しており、それが示しているのは、後継者が長年にわたって創業者から薫陶を受け、企業文化が骨の髄まで浸透しているということだ。彼らは企業文化に反しないだけでなく、よりよい文化に深化させていくだろう。

ＴＳＭＣは四つのコアバリューを掲げている。

・常に誠実であること（Integrity）
・コミットメント（Commitment）
・イノベーション（Innovation）
・顧客の信頼（Customer Trust）

この四つのコアバリューを真に実践するには、あらゆる角度から議論し、どんなことをすべきなのか具体的に定めなければならない。さらにその方法を継続的に運用し、修正と試行を繰り返すことで企業文化として定着し、やがて制度となる。

例として、不正防止を見てみよう。テリー・ゴウ率いる鴻海はガバナンスに厳しい優良企業だが、それでも中・上級幹部による不正リベートや汚職事件が起きている。２０１３年には調達担当の副社長が数億台湾ドルのリベートを受け取り、テリー・ゴウに訴えられた。巨大な売上高には巨大な量の調達がついて回る。ＴＳＭＣの設備投資は1年で３０００億台湾ドルを上回り、材料調達は１０００億台湾ドルを超える。１日当たりで計算すると10億台湾ドル以上の金額が動いている。もし、担当者が仕入先から購入額の１０００分の１のリベートを受け取ったとしたら、１００万台湾ドル以上が懐に入る。ＴＳＭＣでは、こうした不正の誘惑をどう防止しているのだろうか。

ＴＳＭＣのサプライチェーンに入るには、まず厳しい認証制度をパスする必要がある。十分な専門的能力が必要なのはもちろん、ＴＳＭＣの制度と文化に対する理解が足りなければ、この第一関門は突破できない。さらに、ＴＳＭＣでは設計、調達、支払いの各部門が独立して運営されており、資材や設備をどこから購入するかは、委員会において合議で決められる。個人や部署に購入の決定権を与えていない。また、財務部門では支払い業務のほかに、過去の関連分野の購入額と現在の市場価格、物価指標を比較し、調達を検討している部門に情報を提供する。科学的データに基づいて、異なる権限・責任ルートにある部署が価格の妥当性をしっかりチェックするこの仕組みも、不正防止に一役買っている。

この仕組みについて、「社内コストがかさむ」「調達に時間がかかる」との意見もあるが、実際には、部門ごとの権限と決定に要する時間は規定されている。発注先や価格が決まる過程を可視化し、計算とクロスチェックを自動化するためのソフトウエアを開発し活用することで、業務効率を損なうことなく、科学的で客観的な意思決定を実現している。

古くは明や清の時代、中央や地方政府の役人の汚職を防止するために「養廉銀《ようれんぎん》」という制度があった。通常の給料に加算して一定の手当を支給し、十分な生活を送れる収入を与えることで汚職を防ごうとした。つまり、大きな購買力を行使する中・上級幹部に誠実さや正直さを浸透させるため、彼らが家庭を築くのに十分な報酬を与えることが重要だ。TSMCでは部長クラスの中堅幹部に年間14カ月分の賞与が支給され、年収は600万~700万台湾ドルに達する。副社長クラスなら年収は数千万か1億台湾ドルを超える。生活には十二分な額であり、世界の一流企業と比べても遜色ない額だ。相応の報酬を支払うことは、権限を持つ幹部社員に自らの欲を抑え、誠意を持って仕事に打ち込ませるための大きな力となる。

TSMCの社外取締役と独立取締役を合計20年務めたエイサーの創業者スタン・シーは、報酬委員会のメンバーを兼任していた時、調達や財務、その他の部門で不正がないかを調べる内部監査に注目していたという。不正の疑いやリスクがあれば経営陣は監査委員会に報告し、各委員は長年の経験に基づいて不正防止の仕組みを随時提言した。ＴＳＭＣの組織制度は、経験豊富な独立取締役たちの貢献によって形成されてきた面もある。

誠実さは相互的なものだ。ＣＥＯと取締役会、上司とその部下、異なる部署間、そしてより重要なのは従業員と顧客、サプライチェーン間などで、誠意と信頼を確立する必要がある。ＴＳＭＣでは、設備や資材のサプライヤーに毎年数千億台湾ドルを支払っているが、その支払いを1、2カ月遅らせれば、利息だけで年数十億台湾ドルを節約できる。財務部門の管理が不十分な場合、不正の温床になり顧客からの信用も失いやすい。そこでＴＳＭＣでは厳格な支払いプロセスを確立し、支払い条件を決めて自動で管理している。もし支払いを早めたり一定期間が過ぎたりすると、システムが上級幹部に警告を発し、それを受けて調査やフォローアップをする。問題がなければ約束通りにサプライヤーに支払う。ＴＳＭＣのサプライヤーに取材すると、ＴＳＭＣからの支払いはスムーズかつ迅速で理不尽な減額もないと異口同音に称賛する。これがサプライヤーに対する「誠実さ」だ。

次に、制度導入の初期段階では、その制度をトップが尊重し、堅持することも重要だ。モリスはＴＳＭＣの創業前、米国の三つの企業で経験を積んだ。特にＴＩでの25年間では、20人ほどの技術者チームのリーダーから、３０００人を率いる副社長まで務めた。彼は半導体企業の競争力が、コーポレートガバナンスや企業文化の質によって決まることを目の当たりにしてきた。そのため、ＴＳＭＣの経営が安定し、２０００年前後に成長期に入ると、モリスはコーポレートガバナンスと企業文化に多くの時間を費やし、進化させていった。

以前に、台湾の天下雑誌社とＰＴＳテレビがモリスを招いて講演会を開催した。テーマは「ＴＳＭＣの企業文化」だった。この講演でモリスは、日本との戦争中、南開中学で過ごした3年間の体験を語り、特に印象深い思い出を二つ挙げた。一つは南開中学の「大我《だいが》［仏教用語。狭い見解や執着から離れた自由自在の悟りの境地］観念」とリーダー教育である。南開中学の教師たちは授業や集会を通じて、リーダーとなり国のために貢献することが天に与えられた使命だと教えた（その後、モリスは米国で大学、修士、博士課程と10年近く教育を受けたが、ハーバード大学は南開中学の教育精神に似ていると感じたという）。

特に、ＴＳＭＣの企業文化の四つの柱である「常に誠実であること」「コミットメント」「イノベーション」「顧客の信頼」のうち、最初の三つは南開中学の校訓「允公允能，日新月異（公益への奉仕と能力の向上に努め、時代とともに進歩する）」に通じるものがあるとモリスは語っている。

ＴＳＭＣのコアバリューは、すでに紹介したように次の四つだ。

・常に誠実であること（Integrity）

・コミットメント（Commitment）
・イノベーション（Innovation）
・顧客の信頼（Customer Trust）」

一つずつ見ていこう。

常に誠実であること（Integrity）

「常に誠実であること」は企業としての品格を表し、最も基本的かつ重要な理念だ。TSMCにおいて業務遂行の上で遵守しなければならない原則である。

「常に誠実であること」には以下の要素が含まれるとモリスは強調している。

・私たちは、真実のみを語る。
・私たちは、なし得ないことを誇張しない。
・私たちは、お客様に対し、安易にコミットしない。けれども、一度コミットしたことには、どんな犠牲を払ってでも最後までやり遂げる。

・私たちは、法の範囲内で同業他社と最大限競争し、他社を誹謗中傷することなく、他社の知的財産権を尊重する。
・私たちは、客観的で公正、公平な方法でサプライヤーを選定し、協力する。
・私たちは、従業員の不正行為や、派閥などによる「社内政治」を許さない。私たちが人材を採用する際に最も重視する基準は人柄と才能であり、縁故による採用はしない。

「常に誠実であること」について、これほど具体的で踏み込んで説明している例は、国内外の大企業を見ても珍しい。モリスは台湾の企業や海外の企業にまん延している次のような悪しき習慣やルールをよく知っていた。例えば、ある企業では、権力者の縁故者ばかり採用した結果、コネありが普通でコネなしが異常という状況になった。そうなると有能であってもコネがないため幹部に昇進できなかったり、指示に従わない縁故採用者に手を焼いたりすることになる。

多くの組織には、同じ出身大学、同じ出身地、研修期間が同時期など、共通点でくくられた人たちのグループ（派閥）があり、管理職はこのグループ内での関係を重視しがちだ。その結果、能力のある優秀な人材が派閥外という理由で昇進できず、不満を抱えたまま会社を去るケースが少なくない。

また、幹部の中には、顧客にいい顔をするため安請け合いをして、あとで約束を反故にし、関係を悪化させることも多い。だからこそ、ＴＳＭＣは「コミットメント」を非常に重視している。顧客とは活発に議論するが、数字やスケジュール、目標に関して「軽々しく」約束することはない。社内で徹底的に議論し、確実にやり遂げられる確信が持てたら、その段階で顧客の要望にコミットし、必ず実現する。ただ、時間が迫っている場合や、想定外の問題が発生し約束を守れない可能性がある場合は、直属の上司に相談し、そこで解決できない時は上層部に報告し、経験豊富な社内の人材を集めて緊急対応する。これこそ顧客に対する「誠実さ」だ。

何百年もの間、東アジアの企業や組織は、あらゆる階層で汚職にさらされてきた。汚職の禁止は明文化されているが、それだけで防ぐことはできない。経営者や幹部の中には率先して自腹を肥やすため汚職に手を染める者がいたり、大規模プロジェクトを発注するたびにリベートを受け取ったり、あるいは重要情報を正式に公表する前に自社の株式を売買し、情報の非対称性から簡単に利益を得る者もいた。

これらの汚職をどのように防止していけばよいのだろうか。

ＴＳＭＣは不正をあらゆるレベルで防止する多層的な仕組みを構築した。科学的で客観的かつ適正な見積もりシステム、調達品の検収後に財務部門が自動で支払いを通知するシステム、市場価格の動向を比較・分析するシステムなどだ。だが最も重要なのは、トップのモリスが創業以来、権限委譲を進め、各部門の専門性を尊重したことにある。トップが私情を挟まず、余計な干渉はしないと身をもって示したことで、TSMCでは部署、個人の専門性を尊重する企業文化が形成されていった。

コミットメント（Commitment）

コアバリューの「コミットメント」をモリスは次のように説明している。

・コミットメントとは双方向のものだ。
・従業員は全力で会社に忠誠を尽くし、「会社の成功は、自分の成功」の精神で、勤勉かつ誠実に仕事に取り組む。
・会社は従業員を最も大切な資産と見なし、有意義でやりがいがある仕事、安全な職場環境、十分な報酬と充実した福利厚生を提供する。また、仕事以外の家族や友人関係、趣味を広げ、豊かな人生を送れるようサポートする。
・私たちは、株主、顧客、サプライヤー、地域社会、その他のステークホルダーに対するコミットメントを守り、各関係者の利益のバランスをとるよう努める。

・株主が平均以上の投資リターンを得られるようにする。顧客やサプライヤーと全面的に協力して、長期的なウィン・ウィンの関係を築く。良き企業市民として、地域社会をよりよくするための努力を惜しまない。

まず、重要な前提はこうだ。コミットメントとは「双方向」であり、ただ顧客を喜ばせるため、製造やサービスで顧客からの要求に一方的に応えることではない。双方向の合理的なコミュニケーションによってつくられる白黒がはっきりした記録であり、双方で合意した目標を達成するために使われる。達成できなかった場合、コストが予算を超えるか、製品のクオリティーが大幅に低下する。

「会社の成功は、自分の成功（公司成功，我也成功）」。これは胡適《こてき》［中華民国の哲学者、思想家、外交官。難解な文語文ではなく、口語文に基づく「白話文学」を提唱した］が語ったネジの精神のことだ。自分はTSMCという大きな機械を構成する小さなネジであると認識し、一人ひとりが自分の仕事にベストを尽くせば、会社はおのずと成功する。会社の成功はCEOや取締役会などごく一部のリーダーの功績ではなく、全従業員の努力の結果だ。

このような理念は、CEOや会長がリーダーシップを取り、功績のすべてがリーダーのものになる米国の大企業とは大きく異なる。米国のグローバル企業では新しい経営者が就任すると短期的な利益を追求し、部署や人員の削減から始めることが多いが、一時的に黒字幅は増えても、従業員の忠誠心は失われていく。そんな欧米のグローバル企業の短所に着目し、モリスは「コミットメント」の2番目と3番目に、従業員の会社へのコミットメントと忠誠心に関して具体的に示した。TSMCは何万人もの従業員を抱えているが、元従業員がメディアに出て悪評をぶちまけたという話を聞いたことがない。その理由がここにあるのかもしれない。

次に、TSMCの株主、顧客、サプライヤー、社会に対する「コミットメント」について、それは口先だけのものか、それとも実践しているのか、具体例を見ていこう。

1987年から2008年まで、TSMCには従業員に株式をボーナスとして与える制度があった。会社が儲かると、その年の余剰金の一定割合（約8・5%）を使って増資して株を発行し、従業員に分配していた。会社が儲かれば儲かるほど与える株数は増える。勤続年数の長い従業員は、大量の株式を保有できた。例えば、1995年時点でキャリア7、8年の技術者への株式報酬は3万～4万株だった。キャリアが長く、地位が高いほど株式ボーナスの比率は上がる。副社長クラスだと年100万株近い割り当てがあった。これが長期的に累積していく。現会長のリウやCEOのウェイの保有株は1000万株近くで、現在の株価で数十億台湾ドルの価値がある。創業から33年にわたって、モリスは株式ボーナスを続け、その総株式数は約1億株にのぼる。しかし、この制度に対して、ウォール街の機関投資家から次の指摘があった。まず、この株式ボーナス制度は従業員以外の株主に対し不公平であること、さらに株式ボーナスは営業費用として処理されるべきであり、これを続けていくと営業費用が大幅に膨らむことになる。全株主に対する説明責任を果たすため、経営陣はこの指摘を受け入れ、2007年以降、株式ボーナス制度を廃止し、代わりに昇給と賞与の増額で報いることにした。TSMCでは毎年の業績評価と調整給に加え、2008年から2020年までに2回の報酬改定があり、いずれも昇給率が平均20%アップと高水準だった。これは、すべての株主と従業員に対するTSMCのコミットメントの証しだ。

近年、TSMCのサプライチェーンの協力企業は1000~2000社にのぼり、TSMCからの支払額は6000億~7000億台湾ドルに達する。内訳は、小さいものではクリーンルーム用の防塵ウェア（クリーン服）の洗濯から、大きいものでは1台十数億台湾ドル以上する製造設備まで様々だ。TSMCの調達手続きは非常に厳格で、取引先企業のほとんどが、最初の数年間は血のにじむような努力を強いられる。TSMCの要求は納期や品質に関してだけではない。すべてのサプライヤーは次の条件を満たすことが義務付けられる。例えば、従業員の法定外残業は禁止され、賃金は労働部（厚生労働省に相当）の規定以上を支払うことが求められる。製造工程では労働環境、労働者の人権、安全管理などの観点から監査を実施しているかなどの項目をチェックし、署名して提出しなければならない。半導体製造装置の部品洗浄を請け負っている科治新技CEOの楊慈恵はこう話す。「TSMCの審査はとても厳しく、チェック項目は100以上ある（『今周刊』1246号83ページ）。だが、一度合格したサプライヤーには心強いコミットメントがある」。また、ポンプ修理を専門とする日揚科技の社長、寇崇善によると、「TSMCからの支払いが遅れたことはなく、受注を得るためにコネや便宜を図る必要もない。実績がすべてだ」（同）。

これが、TSMCの何千ものサプライヤーに対するコミットメントである。

さらに二つのエピソードも見てみよう。

昔から中華系の商人は、約束を守ってきた。口頭での約束が契約書よりも優先される場合さえある。顧客に対して誠実で信頼できる態度を取るべきであり、商売の約束は火の中に飛び込んででも果たさなければならないと考えられてきた。しかし、現代社会では、年間売上高6000億台湾ドル、大小数千のプロジェクトを抱える企業が、顧客が求めるスピードや歩留まり率、納期などにすべて応えるのは容易ではない。

十数年前、TSMCはインテルやサムスンに追いつくため25㎚プロセスに参入した。その頃、技術者たちは毎日、朝8時半から夜遅くまで働き詰めだった。やがて従業員の家庭から不満の声が上がり、モリスはそうした家族のひとりから手紙を受け取った。そこには「ネット上ではブラック業界と呼ばれている」と書かれていた。従業員が家族との時間を過ごせないようでは、そのうち彼らの健康に悪影響が出るだろう。悩んだモリスは上級幹部と対策を考え、すべての管理職の労働時間は週50時間以下とし、まず上級幹部から実践していくことを決めた。

これは従業員とその家族に対し、家庭生活を大事に考えていることを示したコミットメントが生かされた例だ。ただ、この改革は業務の効率を低下させる可能性がある。モリスが悩み、判断に慎重になったのも無理はない。

だが、一度決定し、会社のルールとしたからには必ずやり通すのがTSMC流だ。

週50時間ルールを守るため、人事部門は毎日、コンピューターの統計分析から異常な残業状況を特定し、各部門に報告することにした。2週連続で超過すると所属部署の上司に通告し、それでも改善しない場合、人事部門は上級管理職に報告する。上級管理職は、問題解決のため現場の増員などの対策を講じなければならない。さらに重要なのは、この週50時間ルールを守ることが管理職の評価項目になり、賞与や昇進に影響するため軽視できなくなったことだ。こうして週50時間ルールは、企業文化に変わっていった。一方、競合のサムスン電子では、技術者の21～22時頃までの残業が常態化し、しかも翌日は定時に出勤しなければならない。プロジェクトによっては、歩留まり率が改善できるまで泊まり込みで仕事をし、何カ月も家族に会えないこともある。このような非人道的な働き方で生産性が上がるとは思えない。長期的には、従業員の心身の健康問題を引き起こすおそれがある。

また、TSMCではすべての幹部社員に携帯情報端末を支給し、突発的な問題が発生した際、いつでも連絡が取れるようにした。退社後、実際に使うのは1週間に数回あるかないかだが、幹部たちはこれも仕事の一部と考えている。こうした仕事に集中する姿勢もTSMCの大きな特徴だ。

次に株の配当について見ていこう。2009年から売上高と利益は年々増加し、EPS（1株当たり純利益）は5、6台湾ドルを超えたが、モリスは、1株当たり3台湾ドルの配当にこだわり続けた。その理由は、従業員、株主、そして社会に対するコミットメントを守るためだった。例えば2013年、数十万人の株主に支払われた配当金の総額は770億台湾ドル、従業員には250億台湾ドルが支払われ、両者の均衡は保たれた。それとは別に、持続可能な経営の責務として、競合他社へのリードを広げるべく2000億台湾ドルを設備投資に振り向けた。

モリスの企業文化に対するビジョンは、文字にしてたった数百文字だが非常に明解だ。例えば、創業当初は「従業員への快適で安全な職場環境の提供」を掲げていた。だが翌年、モリスは生産部門のエンジニアとオペレーターが一日中クリーン服を着て生産ラインに立っているのを見て、「これが『快適』といえるだろうか」と感じ、「快適」という言葉を削除するよう指示した。

また、TSMCの経営理念の中に、従業員が友達をつくり、趣味を楽しみ、家庭との両立を奨励することが明記されているのは大変興味深い。モリスが掲げる理念が他社の多くと異なるのは、「従業員は人生のすべてを『仕事』に捧げるべきではない」としている点だ。起業家の多くは死ぬまでトップで働く。引退後の仕事のない日々に耐えられないからだ。モリス自身は、読書やトランプのブリッジ、旅行を楽しむほか、公共団体主催のフォーラムへの参加や講演、政府代表としてAPECにまで参加している。つまり、彼が従業員に多様なライフスタイルを勧めるのは、ただの理想論ではなく、モリス自身の経験によるものである。

これらの制度やルールにより、TSMCでは残業の常態化が徐々に解消され、「ブラック企業」から抜け出すことができた。また、コアバリューの三つ目のコミットメント「家族や友人関係、趣味を広げ豊かな人生を送れるようサポートする」にも合致している（ちなみにTSMCには、バイク部、旅行部、チェス部、ヨガ部、合唱部など多くの社内サークルがある）。

もちろん、24時間稼働している工場の効率を最大化させ、また世界中の顧客が求めるスケジュールに応え、さらに労働部が定めた休憩時間の規定を守る必要がある。そのため、近年、勤務体制を昼夜2交代制（夜勤は18時から翌朝8時までだった）から、夜勤を22時から翌朝6時までの「大夜勤」と14時から22時までの「小夜勤」にして3交代制に変えた。

数年前、台湾では法改正により一部の祝日が廃止された。だがTSMCでは、社歴に応じた7～20日の特別休暇に加え、法定祝日はもちろん、廃止された祝日も休日としている。つまり、同業他社より多く休める。しかも、生産性は下がるどころか向上しており、働く人に優しい人間性を重視した職場になっている。

モリスは、コアバリューと実際の経営を密接に結びつけるため、従業員とステークホルダーに向けて「やるべきこと」と「やってはいけないこと」を区別するための原則をわかりやすい例を用いて説明している。

誠実・正直であり続けること

コアバリューの「常に誠実であること」が何かについてはすでに述べた。

ここで重要なのは、TSMCがこのコアバリューを貫いて、企業にありがちな派閥などの人間関係や社内政治をどう断ち切ったかだ。

TSMCが「人による支配」ではなく「制度によるガバナンス」を成功させたことが、ほかの99％の台湾企業と完全に異なる点だ。それがなぜ実現できたかは、数十年にわたる観察と分析から具体的かつ明確に判明している。前述のように、台湾企業では幹部の親族や同郷、出身大学などの関係が重視され、派閥やグループを形成しやすい。どんな企業にも程度に差こそあれ社内政治は存在し、根絶は非常に難しい。そうした組織風土は、不公平な人事や報酬を生み出しやすく、派閥間の争いに発展することも少なくない。企業のリソースを浪費するだけでなく、経営目標が不明確になり、競争力の低下を招く。たとえ企業がある強みを生かして成長し、好業績を上げられるようになっても、意欲の高い人材が排除され、内部対立が発生すれば、従業員は大きな不公平感と不満を抱える。これは放置できない問題だ。

「ファウンドリー専業」に徹する

モリスが長年、従業員に再三伝えている言葉がこれだ。

「我々の事業は、専業のファウンドリー・サービスだ。この分野は急成長しており、研究開発に全力を注いでいけば、成長に限界はない。だからこそ私たちはファウンドリー専業に徹して最大の成功を追求する」

ＴＳＭＣは創業以来、「顧客とビジネスで競合しない」ことを貫き、サプライヤーやパッケージング、テストなどの川下の産業とも競合しないよう注意を払ってきた。ファウンドリー事業にリソースを集中させることで技術開発や人材育成に磨きをかけ、業界のリーディングカンパニーへと成長を遂げた。

世界市場を見据えたグローバル経営

ＴＳＭＣが目指すのは地域に限定されないグローバル市場だ。半導体は国境を越えた産業であり、世界の主要プレーヤーは皆、世界を視野に入れて事業展開している。強力なライバルは国外からやってくる。世界市場を見据えて競争力を高めなければ、国内の競争でさえも生き残れないだろう。ＴＳＭＣのルーツは台湾にあるが、世界の主要市場に拠点を確立することが、グローバルで事業を展開するということだ。人材に関しても、世界の多様なニーズに応えるため国籍に関係なく登用する。

持続可能な経営のための長期戦略

持続可能な経営とはマラソンのようなものだ。スピード、持久力、そして戦略の組み合わせが求められる。１００m走のようなスプリントレースとは異なり、ペース配分や持久力、戦略が欠かせない。

「遠き慮《おもんぱか》りがなければ、必ず近き憂いあり［目先のことに追われていると、近いうちに必ず困ることが起こる］」ということわざのように、長期的な戦略をまじめに実行していけば、短期的なスプリントの回数を大幅に減らせるはずだ。TSMCでは毎年、5カ年計画を立案しているが、これとは別に、日常の業務においても長期的な視点で成果の確認と改善をしている。

顧客の信頼(Customer Trust)――顧客はパートナー

TSMCは顧客をパートナーと位置付け、顧客とビジネスで競争しない。この位置付けがこれまでの成功の鍵であり、今後の成長の鍵でもある。顧客の競争力はTSMCの競争力であり、顧客の成功はTSMCの成功であると捉えている。私はこの顧客の位置付けが、サムスン電子の経営理念との大きな違いであり、サムスンは戦略ミスを犯したと考えている（第5章5参照）。

品質こそ私たちのビジネスの原点

社内外を問わず、TSMCがサービスを提供する先のすべてが「顧客」であり、「顧客満足度」が「品質」を表す。

TSMCでは、社員一人ひとりが品質に対する責任を負う。職務に専念し、卓越性を追求するため常に完璧を目指し、ベストを尽くすだけでなく、常に見直しと改善を行い、「顧客満足度」の向上を追求する。これが「品質こそが私たちのビジネスの原点」という原則の具体的な実践につながる。

イノベーション（Innovation）
——企業の活力を高める生命線

イノベーションはTSMCの生命線だ。もし、イノベーションが止まれば、瞬く間に凋落するだろう。技術面だけでなく、企画、マーケティング、マネジメントでもイノベーションを起こさなければならない。もちろん、知的財産を積極的に開発し蓄積することも不可欠だ。

変化し続ける業界に対応するため、従業員は気力と活力に満ちあふれ、常に新しいことを積極的に取り入れ、効率よく仕事をする姿勢を保つ必要がある。

チャレンジと楽しさがある職場環境

TSMCでは、チャレンジができ、学びがあり、そして楽しさがある職場環境は、金銭報酬より重要だと考えている。優秀で志の高い人材を確保するため、全員が力を合わせてこうした環境をつくり、維持しなければならない。

オープンな経営スタイルを実践する

オープンな経営スタイルを構築するには、オープンなコミュニケーションの環境をつくる必要がある。

「オープン」とは従業員が互いに誠実さ、率直さ、協調性をもってコミュニケーションをとることを指す。つまり、互いのアイデアを受け入れ、進んで自己研鑽に務めることだ。同時に、ブレーンストーミングを通じてあらゆる意見を受け入れ、意思決定後は共通の目標に向かって一致団結して実現に全力を尽くす。

従業員の利益と株主利益を両立させ、地域社会にも還元

企業にとっては、従業員と株主のどちらも大切だ。従業員には同業他社の平均を超える報酬や福利厚生を提供し、株主にも平均を上回るリターンをもたらせるようにする。

同時に、企業の成長は社会や環境にも左右される。ＴＳＭＣは良き企業市民となるべく、可能な限り社会に還元していきたいと考えている。

全従業員が常にＴＳＭＣの経営理念を守り、真摯に実践していく限り、これからも成長し続け、台湾が世界に誇る企業であり続けるだろう。

企業文化とコアバリューづくり

優良企業の創業者やCEOの多くは、事業が軌道に乗った後、文化づくりに力を入れたいと考えており、それは持続可能な企業経営にとって歓迎すべき兆候だ。では、どうすればそれに着手できるのか。TSMCのコアバリューづくりの過程にそのポイントを見いだすことができる。実際のところそんなに難しいことではない。まず、企画戦略会議のような場を設け、経営陣と従業員が1、2日かけて自社のSWOT（「強み（Strengths）」「弱み（Weaknesses）」「機会（Opportunities）」「脅威（Threats）」）について「知っていることは隠さずすべて話す」の精神で議論することだ。特に、制度化に関するSWOTは徹底的な議論が必要だ。そのうえで具体的な改革案を提示し、年度ごと、四半期ごとに具体的に実行していく。そして経営者は、社内外からのどんな圧力を受けようとも、見直しと改善を進めなければならない。これができれば、制度が機能を発揮するだろう。

大株主との相互信頼

1986～2000年まで、TSMCの最大の外部株主はフィリップスだった。その間、財務責任者の任命にはフィリップスの同意が必要だった。そのため張孝威を財務責任者として招聘する際、モリスはオランダのフィリップス本社を訪れ、同社半導体部門の財務責任者のJ・C・ロベッツォに面会を求め、彼の同意を得てから対外的に人事を発表した。外部のベテラン人材の採用には定評のあるモリスも、フィリップスのことは長年にわたって尊重し、両者の間には全面的な信頼関係があった。張孝威は次のように振り返る。

「……彼（ロベッツォ）がTSMCの取締役会に出席するため台北に来るたび、事前にミーティングをした。前日の午後に私が彼らに取締役会の議事について説明し、夜になるとモリスはロベッツォを食事に招き、事前の打ち合わせで未解決の問題があれば、夕食をとりながらコンセンサスを得るように努めた。取締役会で意見の食い違いがないようにするためだ」(注5)

私も上場企業の独立取締役を務めたことがあるが、取締役会は和気あいあいとした会議ではないことを理解しているつもりだ。経営陣はすべての取締役と独立取締役の職務と専門性を尊重しなければならない（第5章5、スタン・シーへのインタビュー参照）。彼らから信頼され、こちらも彼らの意見を尊重してこそ、取締役会における派閥争いや内部抗争に時間を費やしたり、経営を疎かにしたりすることがなくなり、健全でバランスの取れた経営が実現できる。モリスには豊富な経験があり、1995年以降、TSMCの売上高と利益を飛躍的に成長させた実績もある。にもかかわらず、創業以来の大株主であるフィリップスを尊重し続けてきた。成功しても、モリスは恩を忘れなかった。

4 生産技術と資金が2大ハードル

護国神山・TSMCはいつまでその優位性を維持できるのだろうか。これは、誰にとっても大きな関心事だ。ここでは、生産技術、資金、サプライチェーン（第4章7を参照）の三つの柱に注目する。

生産能力とプロセス技術は一心同体だ。第1章でも述べたように、プロセス技術には三つの重要な段階がある。第一に、より小さく、よりエネルギー効率の高い製品にするためのプロセス技術を開発し、IC設計企業に提供することだ。第二に、歩留まり率を改善し、最後の量産段階では短納期と安定した品質（歩留まり率99・9%以上）を実現させる。後者の二つはいずれも、要求される高い歩留まり率を達成できるか否かにかかっている。達成できたら生産能力を発揮できるが、達成できなければ設備や受注はあっても生産性が低く、高コストで競争力は失われる。つまり、生産性とプロセス技術は非常に密接な関係がある。プロセス技術が整って初めて、生産性を爆発的に高めることができる。ウエハー製造は高度に専門化された技術分野であり、そのコア・コンピタンスは本章の1で説明した。「台湾DRAMの父」こと高啓全は、かつて私にこんな話をしてくれた。彼は台湾大学化学部を卒業後、米国で修士号を取得し、インテルに応募して採用された。彼は不思議に思い、上司に「私の専攻は化学で半導体や電子工学とはまったく関係ないのですが、なぜ私を採用したのですか」と尋ねたという。すると上司は裏事情を明かしてくれた。「あるプロジェクト（DRAM）の歩留まり率が1年でたった1％にしかならず、問題を探し出し特定するには、異分野の人材に来てもらってブレーンストーミングする必要があると考えた」

初期の頃、ファウンドリーではパイロットラン（試運転）で歩留まり率が50～60％になれば量産を始めていた。その後、長年にわたり、TSMCの何百もの研究開発チームと生産チームは、家電、通信、コンピューター、航空宇宙、軍事分野であらゆる種類のプロジェクトに取り組み、その開発過程で能力を高めてきた。今では、プロジェクトで量産が認められるのは、歩留まり率99％以上を達成した場合だけだ。TSMCの見積もり価格は他社より高い。多くの企業がそれをいとわずにTSMCに発注したいと考える理由の一つが、この歩留まり率の高さだ。歩留まり率がきわめて高ければ、ウエハー1枚からとれるチップの数は増え、チップ1個当たりのコストは大幅に下がる。つまり、他社に比べてコストパフォーマンスがいいということだ。

性能と歩留まり率の向上は、ＴＳＭＣのベテラン技術者が長時間かけて取り組んでいる課題だ。この課題解決能力は、米国の名門大学で博士号を取得したとか、そこで教えた経験があるからといって身につくものではない。生産設備の開発にも踏み込んで、様々な電子的・物理的変化をテスト、分析し、失敗したら微調整し、あるいは別のパラメーターを使って再度、テスト、分析するという段階的なプロセスが必要だ。米国名門大学出身の博士指導のもと、20年以上の経験を積み台湾の名門大学の修士号を持つ技術者が率いる少人数のチームが問題を特定し、部品の性能と歩留まり率の限界を突破していく。

ここからわかるのは、ＴＳＭＣには何千人もの博士号取得者がおり、その多くは日米欧の一流大学の出身だが、革新的製品の量産を可能にする歩留まり問題に対する解決策は、そう簡単には見つからないということだ。おそらくこの点については、ＴＳＭＣの研究開発や製造で10年以上のキャリアを持つ技術者も同意すると思う。

ここまでファウンドリーの技術の構成要素を分析し、プロセス技術に必要な三つの段階を確認した。近年、インテルとサムスン電子は７㎚プロセスの歩留まり率をなかなか向上できずつまずいている。プロセス技術に必要な三つの段階のうち、第二段階と第三段階でＴＳＭＣに競争力があるのは、技術力とマネジメント力のおかげだ。

ファウンドリーの三つの鍵となるテクノロジーを、長期的な競争力という点で論じる場合、中核となる技術の質と量を分析する必要がある。ＴＳＭＣが90年代から養成してきた研究開発と生産の人材は、今、マネジャー、シニアマネジャー、部門長という中堅幹部となり、彼らが率いる５００～６００のプロジェクトチームにＴＳＭＣ全体のコア技術が集約されている。会長のリウやＣＥＯのウェイの関心事は次世代の経営者は誰かということだけではない（モリスと暗黙の了解があると思われるが）。10年後の２０３１年頃までに、百戦錬磨の幹部１０００人以上が退職する見込みだが、彼らの豊富な経験をどのように継承するのか。後継者たちには、歩留まり率の課題解決の能力がどれだけあるのか。数千人のベテラン技術者のうちの何%がそれに相当するのか。

半導体業界に詳しい人なら「ムーアの法則」を知っているだろう。インテルの共同創業者であるゴードン・ムーア博士が、１９６０年代からの集積回路の技術進歩について説明したもので、驚くほど正確だったことから、業界ではこの技術進歩のパターンを「ムーアの法則」と呼ぶようになった。これは半導体集積回路の集積率はおよそ2年で2倍になる、つまり、同じ面積の半導体の性能がほぼ2倍になるというものだ。

ムーアの法則は数十年来、ＴＳＭＣの技術追求の基準になった。ＴＳＭＣの売上高と利益が上がり続けるようになると、より多くの資金を研究開発に投入することが可能となり、10㎚プロセスまでは法則のペースで開発が進んだ。だがその後、ムーアの法則は限界に達したと言われるようになった。半導体は大変な微細化を遂げ、すでに数百万の回路と部品が配置されていた。2010年頃に20㎚プロセスが登場した後、多くの専門家は「これほど高度な技術の性能を2年ごとに倍増させるのは難しい」と見ていた。

だがこのようなボトルネックでさえも、TSMCを筆頭とする複数の大手企業は打ち破り続けている。16㎚からさらに10㎚、7㎚、5㎚、3㎚と進み、さらに最近、計画段階に入った2㎚プロセスは2025年に量産が開始されると予測されている。技術進歩のペースには驚かされるばかりだ。

半導体のもう一つの大きな技術分野は、3次元積層を実現する3Dパッケージング技術の開発だ。これにより、単位面積当たりのチップの小型化や、同じ面積で数倍の素子や回路を詰め込めるようになった。研究開発担当の副社長である余振華を中心とした100人規模のチームが3年かけて開発した「2・5D／3D統合技術」は、集積回路を2・5次元または3次元で積み重ねる際に生じる相互干渉のボトルネックを解消し、チップのさらなる小型化、高性能化を可能にした。

半導体技術の進歩は非常に速い。モリスは彼の自伝の中で、TIに入社した当初、配属先のリーダーのプロ意識に感心したが、10年後も彼の技術的な考え方は変わっておらず、そのせいで大きな後れをとっていたと振り返っている。この教訓から、モリスは78歳でCEOに復帰した後も、技術トレンドに乗り遅れて経営判断を誤らないように、毎週、半導体の技術開発に関する記事や社内でとりまとめた資料を読み続けた。

余振華がモリスに新規プロジェクトを提示した時、モリスはムーアの法則をどうやって突破するかを思案していたため、すぐに全面的な支持を決めた。余が率いる100人超の研究開発チームは3年の時間をかけてプロジェクトを完遂させたが、これほど多くの人材と予算を投じる必要があるのかという疑問の声も当初はあった。だが、最後には余のチームにより、半導体技術の新しい歴史が開かれ、競合他社との差はさらに広がった。余と彼のチームの才能、さらにはそれを見抜いたモリスの先見性とリーダーシップがもたらした結果だが、結果を出した人材は常に評価される必要がある。

2017年、モリスは余振華を蔡英文総統のチームに推薦し、余は「総統科学賞」を受賞した。それまでこの賞は、国際的に著名な中央研究院の研究員だけに授与されてきた。余振華の発明はTSMCだけでなく、世界の半導体技術の発展に大きく貢献するものであると評価され、慣例を破って余が栄誉を手にすることになった。

余振華が開発した2・5D／3Dパッケージング技術は、間接的ではあるがTSMCに第三の高収益ビジネスをもたらした。3Dパッケージング技術を前提とした成熟プロセスにおける特殊機能製品の受注だ。もともと0・18㎛から28㎚プロセスの技術領域は、UMCやグローバルファウンドリーなど業界2位、3位が中心に手がけていた。けれども、彼らが2・5D／3Dパッケージング技術やその特許を持っていなかったため研究開発や試作もできず、すべての需要をTSMCにさらわれた。

これらのプロセスは成熟しているため、装置の減価償却費はゼロで、ハイエンド製品と比較して歩留まり率のクリアも容易だ。このような技術格差が事業拡大の原動力になっている。TSMCにおける三つの主要技術、すなわち「先端プロセス技術」「2・5D／3Dパッケージング技術」「成熟プロセスを用いた特殊機能製品の製造技術」を収益の比率で見ると7対2対1になる。これらは、TSMCが技術と収益で他社をリードする3大領域だ。

2・5D／3Dパッケージング技術は将来、IC基板などの分野でも重要な役割を果たすだろう。IC基板は、ここ2年以上にわたってAMDがインテルをリードしてきたが、この1年で失速気味となっている原因だ。ここで知っておきたいのは、ウエハーにLSIがつくられた後、小片に切断され、いわゆるICキャリアボードにパッケージングされる。これは、より小さく精密なプリント基板（PCB）ともいえ、それがなければウエハープロセスは完了しない。2019年、インテルは絶縁材ABF（味の素ビルドアップフィルム）を使ったABF基板をつくる台湾大手2社の生産ラインをすべて押さえていたため、2020年下半期のABF基板の供給不足の影響を受けなかった。一方、AMDは対策を講じておらず、

ＡＢＦ基板が手に入らなければ主力のＣＰＵを提供できないため、両社の形勢は逆転し、市場シェアも変化した。ＴＳＭＣはこの基板の供給不足に対し、顧客へのソリューションとして、同社の竹南工場で基板の生産に乗り出すことを決め、最大26層の大型キャリア基板（10×10㎝）の生産を計画している。これは現時点でどの基板技術よりはるかに高度であり、この計画に新しい２・５Ｄ／３Ｄパッケージング技術が役立つだろう。

近年、ＴＳＭＣは年間４００億～５００億台湾ドル以上を研究開発に投じている。１９８６年に創業のため資本金２億米ドルを集めようとモリスが奔走していた頃を思うと、想像を絶する額だ。当時、モリスは米日欧のグローバル企業10社以上と台湾の国営・民間企業に投資を募ったが、得られたのは１社当たり３億～５億台湾ドルにすぎなかった（最大のフィリップスでさえ20億台湾ドル未満）。

さらに、２０２１年６月初旬に開催されたＴＳＭＣ半導体技術フォーラムにおいて、ウェイＣＥＯは次のように述べた。ＴＳＭＣは引き続き、３次元積層と高度なパッケージング技術で構成される完全な「3D Fabric」システム統合ソリューションを拡大していく。ＨＰＣアプリケーション向けに、２０２１年により大きなマスク（レクチル）サイズを提供し、パッケージング技術である「InFO_oS」（Integrated Fan-Out on Substrate）とCoWoS（Chip on Wafer on Substrate）によるソリューションをサポートする。これにより、小型チップと高帯域幅メモリーの統合において、より幅広いレイアウトプランが利用可能となる。システム・オン・チップのチップ・オン・ウエハー版のほうは、2021年に7㎚プロセスの検証を完了し、2022年に完全自動化された真新しいウエハー工場で生産を開始する――。

業界の外ではTSMCはパッケージング・テストを実施しておらず、だからASE（日月光半導体）や京元電子のような大手テスト企業が誕生すると思っている人が多い。実はそれは誤解で、TSMCもパッケージングとテストを行い、しかも前述の2社をはるかにしのぐ最高レベルの技術を持っている。ハイエンド向け製品の研究開発からウエハー製造までをワンストップで行えるようにするため、その領域を避けては通れない。さらにTSMCは2022年までに、五つの先端パッケージング・テストの工場を稼働させる予定だ［その後、予定通り稼働した］。

次に、TSMCは海外生産拠点の拡充を進めており、中国の松江工場、南京工場に加え、米アリゾナ工場、日本工場、ドイツ工場が数年以内に稼働し、規模も人員も拡充される予定だ。そのため、知財保護の仕組みをいかに万全なものにして産業スパイの侵入やハッキングを防ぐかは、日々注意を要する重大な問題だ。

現在、5GやIoT、人工知能、インダストリー4・0、自動運転EVなどの分野で科学技術が発展しているのに伴い、知的財産権、特に特許に関する対応には注意が必要だ。具体的には米国、中国、日本、韓国が敷いた網にいかにかからないようにするか。過去10〜20年とは違って、経営陣はより慎重になる必要がある。CEOのウェイは、最新の開発技術を顧客と共有する前述のオンライン・フォーラムで次のような指摘をした。DX（デジタル・トランスフォーメーション）という世界的な流れによって、HPCのより高いコンピューティングパワーと効率的なネットワーク・インフラのもとで高性能のアプリケーションの活用を実現する動きが、半導体技術開発の重要な原動力になっている。こうした背景から、ウェイは5G時代を支える先進的なRF（高周波）技術としてN6RFプロセスを初めて披露した。5Gによってチップはより多くの機能と素子を統合できるようになるが、チップのサイズが大きくなるにつれて、スマホの内部の限られたスペースをバッテリーと奪い合うようになった。TSMCが発表したN6RFは、5GにおけるRF性能とWi-Fi 6/6Eを組み込んだソリューションであり、N6（6㎚プロセス）のロジックプロセスがもたらす電力消費、性能、面積における優位性が特徴だ。N6RFトランジスタは、一世代前の16㎚技術と比べて性能が16%向上している。さらにサブ6GHz帯とミリ波帯をサポートするRFチップにおいて、消費電力とチップ面積を大幅に低減でき、消費者が求める性能、機能、バッテリー寿命が実現できるという。

また、このフォーラムでは、5㎚ファブの量産能力を2022年下半期に2020年の4

倍にすること、台南の3㎚ファブは2021年に試験生産を開始し、2022年下半期に量産体制に入ることも発表された。

ウェイが特に強調したのは、TSMCが他社に先行して量産化した5㎚プロセスの歩留まり率が、一世代前の7㎚プロセスより速いスピードで向上している点だ。N5ファミリーの強化版であるN4Pでは、フォトマスク層を減らしながら性能、電力効率、トランジスタの密度を向上させた。また、N5ベースの製品を容易に移行できるように設計されている。2020年のフォーラムでの発表以来、N4の開発は順調に進んでおり、2021年の第3四半期に試作を開始予定だ。3㎚プロセスでは、EUV露光の適用が増え、引き続き3D構造の工程技術であるFinFETを採用することにも触れた。5㎚プロセスに続く4㎚プロセスは、予定を繰り上げて1四半期早い2021年第3四半期に試験生産を開始する。またフォーラムでは、「TSMCのチーフエンジニア」と呼ばれている上席副社長の秦永沛がこのように述べている。「TSMCの5㎚先進プロセスは歩留まり率の指標であるD0（平均欠陥密度）の面でも順調だ。生産開始後も、7㎚ファミリーのD0を上回り続けている。現在、5㎚のD0は0・1を上回っている。EUVの急速かつ大規模な利用がその要因の一つだ。4㎚のD0も好調で、2022年には5㎚プロセスと同程度となる見込みだ。これはTSMCにとってもう一つの技術的ブレークスルーとなるだろう」

資金的競争

次に投資資金について見ていこう。「ファウンドリーが長期的な競争力を維持するには、設備投資の競争で勝たなくてはならない」という見方がある。投資のタイミングが遅かったり、投資金額が足りなかったりすれば2、3年で敗者になるというのだが、確かにその通りだ。例えば、半導体露光装置で世界トップのASMLの製品はますます高度化し、価格が数十億台湾ドルするものもある。TSMCの購入台数が増えるにつれ、ASMLは台湾各地に研究開発・メンテナンス拠点を増設して多くの人材とリソースを投入し、大口顧客であるTSMCに対して最優先でサポートしている。これはリーディングカンパニーならではのメリットだ。

また、モリスがCEOに復帰した2009年以降の投資額を見ると、2009〜2015年は平均150億〜200億米ドル、2015年以降は年250億〜300億米ドル、この12年間の投資総額は2400億米ドルを超えている。さらに20nm、16nmのような早期に投資された設備は減価償却が進んでいるため、コスト競争で大きなアドバンテージがある。これはTSMCがとる「両手戦略」だ。片方の手は技術力、もう片方の手はコスト優位性で、競合他社を叩く。インテルであれサムスン電子であれ、もしくは数年後に参入してくるかもしれない中国大陸のファウンドリーであれ、この「両手戦略」の優位性を考えるとTSMCから受注を奪うのは難しいだろう。

私は、3〜5年後、専業ファウンドリーの数は10社を超えないと予測している。市場シェアの半分強を持つTSMCの粗利益率は50％だが、それ以外の企業はミッドレンジとローエンド市場で競争することになり、当然、価格競争が激しいので粗利益率は低く、最大でも20〜30％程度と予測される。これはアップルが独り勝ちしているスマートフォン市場の状況とよく似ている。アップルの粗利益率は50％以上あるが、残りのサムスン、ファーウェイ、シャオミ、ASUSなどの利益を合計してもアップル一社に及ばない。

2021年8月中旬、TSMCは10㎚以上の価格を2割、10㎚未満の先端プロセスの価格を8％引き上げると発表し、市場に大きな衝撃を与えた。この値上げによりTSMCは高い粗利益率を維持し、豊富な利益と資金を得ることができる。

2021年3月末、TSMCの上層部は工場の新設・拡張のため今後10年間で2000億米ドルを投資すると発表した。生産能力を現在の倍にして、競合を突き放す狙いがある。TSMCではこの目標を達成するため、用地取得、電力供給や水資源の確保、人材育成などで先手を打つ［台湾では「超前部署」と言う］べく、様々な行動計画を打ち出している。

ファウンドリー間の競争とは、技術、サービス、顧客からの信頼度だけでなく、資金力と生産能力の規模を競うことでもある。競争相手が圧倒的に巨大になり、もはや自分たちに勝てる見込みがないと感じるようになれば、先進的なハイエンドの市場から撤退するだろう。過去5年間で、業界2位と3位のグローバルファウンドリーズとＵＭＣが7㎚と5㎚プロセスから撤退したのがいい例だ。

最後に、専門家の意見を紹介したい。ＴＳＭＣの経営陣は２０２１年の技術フォーラムで7㎚、6㎚、5㎚の量産のほか、4㎚と3㎚の試験生産、2㎚の計画の進捗状況を発表したが、これらの技術を同時に発表した世界最先端といえるパッケージング技術「3D Fabric」と組み合わせることにより、ＡＭＤやエヌビディア、ＦＰＧＡ（ザイリンクス）、アップル、さらにはインテルからも先端チップの受注が見込まれるという。ＴＳＭＣの10㎚以下の先進プロセスの生産割り当ては2年くらい先まで埋まっている。これらの状況を鑑みると、インテルが最先端プロセスの市場で躍進するのは難しいだろう。数量は比較的少ないが、機密保持の観点から米国の国防や宇宙開発関連の受注が見込めるくらいだ。それ以外の市場では、技術、人材、投資規模の3大分野のいずれでもＴＳＭＣに対抗することは困難だ。

5 21世紀型AIーマーケティング

２０１２年以降、ＡＩは世界中のあらゆる業界で注目されるようになり、経営の5大分野である生産、マーケティング、人事、研究開発、財務にどのように取り入れるかで、競合他社に対して優位性をどれだけ保てるかが決まる。特に、顧客とのコミュニケーションにおけるＡＩの活用は、多くの企業の経営陣の関心を集めている。台湾のＡＩスタートアップAppier Group（エイピア・グループ）は、２０２１年3月、東京証券取引所マザーズに上場し、時価総額が約20億米ドルに跳ね上がった。同社の主力製品は、データサイエンス・プラットフォーム「ＡＩＸＯＮ」で、企業が持つ顧客データの解析を支援するＡＩツールだ。

ＴＳＭＣも２０１２年頃から、顧客サービスの将来を見据えて「ＡＩマーケティング・見積もり価格設定システム」（私が付けた名称）の構築を開始した。この巨大データベースには、半導体産業の技術、市場、特許、川上と川下の関連業界、個別の企業の経営状況などに関するデータが蓄積され、常時更新される。ＡＩの深層学習とアルゴリズムを活用したシステムで、ＴＳＭＣにとって競合他社との差を広げるためのツールになり得る。

「ファイブフォース（五つの競争要因）分析」を提唱した米国の経営学者マイケル・ポーターは、かつてＴＳＭＣの独立取締役だった。ポーターは、製品やサービスの価格設定をこう分析した。「もし、企業の製品やサービスが唯一無二で他に競合がなければ、価格はその企業が自由に決められる。マーケティング理論ではこれを『プライス・リーダーシップ』と呼び、その企業は総費用（直接費＋間接費）に何割か粗利益を乗せて価格を決定できる」。例えば、インテルはＰＣの心臓部であるマイクロプロセッサーにおいて、20年近くにわたって70～80％のシェアを握って圧倒的な強さを誇り、競合のＡＭＤは足元にも及ばなかった。アップルのパソコンは独自仕様であり市場シェアも低く脅威ではない。そのため、インテルのＣＰＵの粗利益率は55～65％と非常に高く、誰もがうらやむ状況だった。

スマートフォン市場も同様で、アップルのiPhoneが市場を独占している。同社は価格を自分たちで決めることができる。iPhone12以上のハイエンドモデルは１台５万～６万台湾ドルとノートパソコンよりも高額で、粗利益率は50％を超える。前述のように、シェア２位から10位までの企業の利益を合算してもアップル一社には及ばない。これは技術（やデザイン）面でのリーダーシップの賜物であり、モリスは米国の半導体産業で早くからこのことを学んだ。

しかし、市場に存在する製品（サービス）のほとんどは独自性が低く、レッドオーシャン〔競合が多く、激しい競争状態にある市場〕の中にある。そのため自社製品の価格設定は、競合する製品の品質やブランドの認知度、市場シェア、価格を考慮して決める必要がある。

2020年10月、モリスは台湾清華大学での講演で、価格設定について次のように話した。

「価格設定は非常に重要であり、標準品とカスタマイズ品では大きな違いがある。標準品は多くの競合他社も出しているので価格設定の自由度は低いが、信頼などの要素がある。例えば、TIのような大手サプライヤーの製品は他社よりも高いがそれでも顧客は『二社購入』の一つとしてTIからも調達する。これが顧客の信頼による効果だ。一方、カスタム品は、価格設定の自由度は高いが、それにはテクニックを要する。コストや顧客からの要求レベル、顧客の懐具合を勘案して設定しなければならない。以前、IBMと取引した際、私は彼らがいくらなら出せるか知っていた。顧客の予算のリサーチは必須だ」

モリスはTIでの25年間の経験から「価格の決定」について深い洞察がある。そのため、TSMCの価格設定システムは、事業の成長・拡大に合わせて常に修正・改善され、現在ではAIとビッグデータを駆使した仕組みになっている。このシステムでは、チップ製造の受託を一製品の価格として見積もるのではなく、業界全体の環境（研究開発のレベル、収益性、競合分析、市場規模と成長性、技術進化の動向など）を評価し、製品の成長段階や市場におけるポジションなど幅広い要因に応じて柔軟に価格を変化させる、ＡＩを活用したダイナミック・プライシングを実現する。そのため、ＴＳＭＣには「価格設定システム」を担当する副社長を責任者とする専門部署が設けられている。価格決定では、前述のコスト分析に加え、次の二つの重要な要素が考慮される。一つ目は、総合的な側面で、世界経済や政治の変化、ハイテク業界の技術トレンド、半導体メーカーやサプライチェーンの競争力学（装置供給、原材料価格の変化、競合他社の生産能力や技術の進化など）を収集・分析し、ＴＳＭＣが直面している競争環境とその中でのポジションを把握していく。

二つ目は、見積もりの対象である個別の顧客の分析だ。資本金の額、財務能力、支払い実績、経営陣の評判といった情報から、顧客企業の研究開発能力、世界市場における製品の開発可能性、競合する企業の分析といった長期的な側面まで、アルゴリズムを活用してこれらの情報を解析して顧客の競争力を評価するデータシステムを構築した。このシステムにより、同じ顧客から2種類の製品の製造を受託する際、ともにナノプロセスを使用するにもかかわらず見積もり価格が異なるという現象が起き得る。その理由は簡単で、例えば、顧客から受託した二つの製品のうち、一方は市場を独占しているため、受注量が多くても価格を下げることはなく、粗利益率は維持される。もう一方は市場でテストされたばかりの新製品で需要はまだ大きくないが、ＴＳＭＣの先端プロセスを使用しており、プロセスの稼働率を高めるため、ひとまず粗利益率を下げて価格を設定し、将来その製品が量産体制に入ったら、その時点で調整する、といったケースだ。

このダイナミック・プライシングによる見積もり価格は、総合と個別の両面から様々な変数に基づいて決定される。複雑ではあるが、ビッグデータとAIの動的アルゴリズムを活用しており、パラメーターを入力して数分以内には分析結果を得ることができる。時間も手間もかからず、非常に競争力があるシステムだ。さらに、このシステムを用いれば、新製品の市場における競争環境や直面する様々なリスクと機会を分析できるので、顧客が開発段階や量産段階で新製品を評価するのを支援できる。事前に正確に評価を下すことができれば、顧客は最大の利益を得るために最も効果的なリソースを投入できる。顧客が最大の利益を得られれば、それに連動してTSMCも多くの仕事をより高い利益率で受注できる。このようなマーケティングは、従来のやり方とはまったく異なる。AIとビッグデータを駆使した21世紀型マーケティングだ。

この見積もりシステムは、半導体産業の技術と市場の動向、競争状況を網羅しており、経営陣は、ファウンドリー技術の開発や投資に関する意思決定の根拠としても活用できる。複数の市場を前にいつ、どこで、何をするか。日本との合弁事業のように20㎚や28㎚という成熟プロセスなのか、7㎚、5㎚、3㎚プロセスへの投資なのか。顧客ごとに異なる潜在的ニーズに対応する形で、各工場の生産能力を最適に配分することができる。対外的には、まず市場における技術の発展状況を分析し、製品別に競合企業はどこなのか、各社の実力はどの程度なのかを把握する。そして、技術開発の動向と各社の技術力を比較し、その中で成長性があり、かつ既存の顧客と競合しないフロントランナーを探し出し、次の製品開発のサポートをするなどして、先手を打つ。また、既存顧客には、見積もりを出す前に、顧客の製品の現在と未来の市場競争力を分析し、顧客が対峙するプレーヤーは誰なのかを把握する。そのうえで、製造コストと顧客が出せる金額を判断し、いくらで見積もり価格を提示するかを決定する。

このビッグデータを用いた見積もりシステムが威力を発揮した例を紹介しよう。2018年12月、CEOに就任したてのウェイは「TSMCサプライチェーン・マネジメント・フォーラム」にある女性のゲストスピーカーを招待した。その人は、半導体開発のスタートアップAmpere（アンペア）の創業者レネイ・ジェームズで、前職はインテルの社長だ。

彼女は新会社のためにインテルから3人のキーマンを引き抜いた。副社長にはインテルXeon（ジーオン）プロセッサーの設計を率いたロイット・ヴィトワンス、最高プロダクト責任者にはインテルのクラウド事業を率いたジェフ・ウィティヒ、最高技術責任者にはインテルのハイエンド・マイクロプロセッサー開発チームのリーダーだったアティク・バーワがそれぞれ就任した。

TSMCはこのデータベースの分析から、アンペアが開発した製品に大きな可能性を見いだした。そこで2018年、TSMCはプロジェクトチームを結成し、最新の7㎚プロセスを使ってアンペア専用プロセッサーの開発・生産に乗り出した。2019年には歩留まり率の壁を突破し、同社のハイエンド・マイクロプロセッサー(MPU)は市場に投入された。その性能はインテルのXeonより1世代先を行った(時間にして2年)。現在、アンペアは半導体設計分野の新星として注目の存在だが、成功の裏にはTSMCの全面的なサポートがあった。もしTSMCにAIとビッグデータを活用した最新鋭の価格設定システムがなければ、つまりレネイ・ジェームズの経歴だけでは、彼女をサポートするためにここまでリソースを投入できなかっただろう。一石二鳥の観点から見ると、MPU設計に特化した会社をどんどんサポートし成功させることがTSMCにとって重要だ。コンピューター、サーバー、スマートフォンの3大分野で様々な技術開発プロジェクトに熱心に取り組めば取り組むほど、競合するインテルに与えるプレッシャーを高め続けられる。インテルは、この「TSMCグランドアライアンス」(注7)にどう立ち向かうか、腰を据えて考慮しなければならない日がいつかやって来る。ライバルに勝てないなら、いっそのこと仲間になるという選択肢もある。そうすれば「TSMCグランドアライアンス」の攻勢をかわすことが可能だ。TSMCにとっては、昔のヒット曲「總有一天等到你（いつか君を待つ）」の心境だろう。

ＴＳＭＣのファウンドリーモデルを観察すると、生産設備の稼働率が売上高と利益に影響を与える最大の要因であることがわかる。プロセス技術が先進的であればあるほど粗利益率は低くなり、技術が成熟していればいるほど粗利益率は高くなる。通常、ＴＳＭＣでは生産キャパシティーの配分と見積もりは1、2年前に、先端プロセスは2年前にそれぞれ決める。そのため、顧客が成熟プロセスから先端プロセスに移行するのを考慮して、初期の粗利益率を低く設定することが多い。顧客の製品の需要が増え、市場からの利益が増加したら、市場環境、生産能力、顧客からの発注量などの要素に応じて利幅を調整する。以前は毎年、顧客に対し若干の割引を提供していたが、２０２０年から割引制度は廃止され、外部からは実質的な値上げと見なされている。廃止の理由は需要に対し供給が追いつかなくなったからだ。さらに、２０２１年8月には10㎚以上と10㎚未満の先端プロセスの価格をそれぞれ20％、8％引き上げると発表した。

なぜ1、2年も前に見積もりをする必要があるのか。その理由はファウンドリーモデルの特性にある。まず、プロセスの開発と歩留まり率の改善にかかる時間が長く、専用の生産設備（ＥＵＶなど）の納期にも時間を要するため、ＴＳＭＣも顧客も製品の需要などに関して正確に予測する必要がある。顧客は自社の生産枠と利益を確保するため安全マージンを考慮して予測することが多い。ＴＳＭＣの生産管理ガイドラインでは、生産設備の稼働率80～85％で原価計算をするように求めている。稼働率がこの水準を超えれば超えるほど粗利益も大きくなる。そのため、営業部門はバックアップの受注を常に持っており、稼働率１００％を追求している。

［注］近年、自動車の電動化が進んでおり、車には数多くのセンサーや制御チップが搭載されている。自動車メーカーはＩＣ設計会社などに機能の要件を記した仕様書を提出して回路設計やモジュール化を依頼する。最終的な修正は自動車メーカーが行うが、それまでに通常9カ月かかる。２０２０年上半期は新型コロナの影響で、自動車販売が一時的に減少したため、大手自動車メーカーは生産計画を下方修正し、チップの需要も減少した。しかし、２０２０年第4四半期に自動車の需要が回復すると、自動車メーカーはファウンドリーへの発注を増やそうとしたが、最短納期は1年後の２０２１年末だった。２０２０年下半期以降、すべてのファウンドリーが大手自動車メーカーからの追加発注分に対して、生産能力をすぐに割けなかったのにはこうした理由があった。

6 「全方位型」「一歩先行く」顧客サービスモデル

ネットの発達によりＣＲＭ（顧客関係管理）が注目を浴び、様々な業界で顧客対応のためのコールセンターが相次いで設置された。しかし、企業間取引（Ｂ２Ｂ）では、ＩＴサービスを提供する企業は、サプライチェーンの川上と川下の複雑な製造・販売関係の理解が十分ではなく、顧客対応に関する専門的なサービスにあまり力を入れてこなかった。流れが変わったのは２０１６年頃からで、ビッグデータと人工知能のアルゴリズムを組み合わせて顧客ニーズを把握することが大きなトレンドとなった。

ＴＳＭＣではすでに２０００年から顧客サービスの向上と競争力強化を図るため、次の二つに取り組んだ。「ＩＣ設計ライブラリー・プラットフォーム」の設立と、グローバル・ユニチップ（創意電子）の買収だ。

前者は、過去10〜20年にわたり取り組んできたファウンドリー・プロジェクトから微細部品の開発、少量試作の歩留まり率、量産リードタイムと歩留まり率の管理などから得た経験などを蓄積し、それを数千もの要素（モジュール）に分類して顧客に提供するサービスで、顧客が効率的な回路設計を実現できるよう支援している。さらに、このプラットフォームは顧客の投資コストを削減するための様々な先進的な設計ツールを提供する。例えば、プラットフォームには基盤設計の特許情報分析が組み込まれており、顧客は開発した製品のプロトタイプをプラットフォーム上で動作させて特許の競合を見極められるだけでなく、試作品を製造プロセスへより早く移行することが可能となり、量産までのステップと時間を短縮できる。家電製品やネットワーク製品のライフサイクルはどんどん短くなっており、競合他社より2、3カ月早く製品（サービス）を市場に投入できれば、価格と粗利益率の決定で有利な立場に回れる。電気自動車をリードするテスラがいい例だ。ＩＣＴ業界のハイテク企業の多くは、そのわずか数カ月のリードを得たいがために、価格が多少高くてもＴＳＭＣとの取引を望む。

ＴＳＭＣのプロジェクトが多様化・複雑化するにつれ、このプラットフォームも絶えず充実とアップグレードが図られ、サービスの深さとカバー範囲が増し、ＴＳＭＣにとって競争力に直結する武器となっている。ファウンドリー業界2位のＵＭＣや3位のグローバルファウンドリー、ＩＤＭ大手のインテルやサムスン電子でさえも、この革新的なプラットフォームに蓄積されたノウハウの前には、かすんでしまうほどだ。

次に、買収したグローバル・ユニチップの役割を考えてみよう。まず、なぜＩＣ設計会社を買う必要があったのだろうか。ＴＳＭＣの創業以来、モリスは「顧客とは競争しない」立場を貫き、ファウンドリーに注力してきた。その方針は変わらず、買収後のグローバル・ユニチップは、ＴＳＭＣの生産プロセスと顧客であるＩＣ設計会社との橋渡し役となり、ＩＣ設計会社がＴＳＭＣのリソースを最大限活用できるよう支援している。例えば、中小規模や新規の顧客は、前述のプラットフォームを通じて技術の活用や量産段階での問題解決などの支援を受けられる。常連顧客である大手メーカーの場合は、チームは役割ごとに細分化され、製造プロセスにも精通しているため前述のような問題は起こりにくいが、中小規模の顧客の場合、プロセス技術が先進的であればあるほど、試作前と試作後の作業がより複雑になる。グローバル・ユニチップの力を借りれば、少量の試作を経て大量生産へ迅速に移行することが可能になる。顧客を支援するプロセス技術が高度であればあるほど、顧客から得られるサービス収入も高くなる。

ここからわかるのは、ＴＳＭＣはファウンドリー専門企業として、国や業種、技術レベル、製品、サービスの各領域の境界を越えて顧客基盤を築いているということだ。前述の二つの主要なツールを用いて、顧客に設計から量産までの完全な垂直型サービスを提供し、顧客ニーズにしっかりと応えている。最近、「超前部署（先手を打つ）」という言葉が流行しているが、ＴＳＭＣの長年にわたる取り組みはまさに「超前部署」の精神で顧客ニーズを先取りしたものだ。TSMCの粗利益率が非常に高いのは、「顧客サービスの競争力」が業界最高であり続けているからである。

例えば、アップルは2015年以降、TSMCの最大の顧客であり、TSMCはiPhone 6～12シリーズのウエハーを毎年1億枚以上供給している。TSMCはこのような大量の受注をどうやってこなしているのだろうか。答えは、台中と台南にある高度に自動化された12インチウエハー用の先端ナノプロセスのファブにある。

生産自動化に取り組むTSMCスマート・マニュファクチャリングセンターの黄副所長は、ある講演で、中部サイエンスパークのファブ15の自動化について説明している。ファブ15は野球場三つ分の広さがあり、その中に巨大な自動マテリアル・ハンドリングシステムが導入され、100台近い無人運搬車（AGV）が動いている。AGVは365日24時間体制で稼働し、800万回以上の指令を受け、倉庫と生産ラインの間を少なくとも60万回以上往復し、数百万個の部材を運ぶ。工場の天井に設置された通信ケーブルの通路は全長50㎞に及び、その長さは大都市の地下鉄に匹敵する。

TSMCは顧客サービスを向上させ、効率的で高品質な納品を実現するために、長年にわたって倉庫と生産の自動化に多額の投資と技術力を注ぎ込んできた。最先端の工場のいくつかはほぼ無人で、広大な工場で働く人は数人しかいない。世界で最も進んだ自動化工場といえるだろう。工場の自動化はTSMCにさらなる競争優位性をもたらし、顧客サービス向上への有効な武器となった。目標とする「全方位型顧客サービス」にまた一歩近づいた。

7 1300社からなる巨大サプライチェーン

台湾の半導体産業は2010年以降、年間売上高が1兆台湾ドルを超え、3大テクノロジー産業の一つとなった。毎年2桁で成長し、何千もの川上・川下の企業で30万人以上が働いている。サプライチェーンの構成を見ると、最も川上は工場建設に関わる建築設計、建設、クリーンルームの空調、電気・水道設備、オフィス機器など、川上から川中にかけてはウエハー製造の装置、材料サプライヤー、チップ設計ソフトウエア（EDA＝電子設計自動化支援ツール）ベンダー、IPベンダー［CPUに関する知的財産を提供する企業］が存在する。

川中は主要顧客であるIC設計企業、次にファウンドリー、川下にパッケージングやテストの企業がある。物流や設備のメンテナンス、クリーン服の洗濯などは周辺サービスの提供企業として位置付けられている。

２０２０年、台湾の産業界の代表がＴＳＭＣの台湾への貢献とその重要性を話し合った際、期待を集めたのが、ＴＳＭＣによる「サプライチェーン」への支援と拡大だ。過去20年、ＴＳＭＣはプロセス技術の研究開発に奔走してきた。ナノの壁を突破しエヌビディアから高度なグラフィックチップ（ＧＰＵ）の製造を受託し、いわゆるサブミクロンの精密プロセスに進出した。２０１６年にはその技術を10㎚以下まで推し進め、インテルやサムスン電子を追い抜き、今や１・５～2世代先を走っている。しかし、ファウンドリー設備、機械、材料の分野には改善の余地が明らかにある。現地調達の割合はまだ30％未満で、もっと増やす必要がある。近年、ＴＳＭＣの調達額は年間５０００億～６０００億台湾ドル以上で、その半分だけでも現地企業に回せば、台湾国内の電子、機械、電気産業の強化につながり、５～10年で2倍以上に成長させることができる。この点は少々残念だ。しかし、ＴＳＭＣの経営陣はここ数年でこの状況を見直そうと改善を進めており、期待が持てる。もちろん、国内サプライヤーが、ＴＳＭＣの求める基準をクリアすることが大前提だ。

ＴＳＭＣは世界最大のファウンドリーというだけでなく、その資材調達の金額と構築したサプライチェーンの規模には驚かされるものがある。サプライチェーンには、工場建設から部材調達、製造設備やそのメンテナンスなど六つのカテゴリーで１３００社も存在する。サプライヤーへの総支払額は２０２０年で約６７００億台湾ドルにのぼる。サプライヤーの中には、薄利多売のビジネスをしている中小企業が多かったが、ＴＳＭＣの高い認知度のおかげで業界の注目企業となっている。ここからは各カテゴリーの代表的な企業を紹介する。その中には、もともと実力と評判の高い企業もあれば、ＴＳＭＣの成長に伴い大きく化けた企業もある。

年間売上高が3兆台湾ドルを超える台湾半導体産業は、サプライチェーンの川上、川中、川下に数万の企業があり、半導体製造装置大手のＡＳＭＬ、材料大手のアプライド・マテリアルズ、日本のＳＵＭＣＯなどの大企業も台湾に進出し、研究開発センターを設立している。その理由は、世界最大の顧客であるＴＳＭＣにサービスを提供するためだ。これら世界トップクラスの企業が最新のイノベーションを台湾に持ち込んでテストするため、それに関連する製造とメンテナンスの拠点設立も相次ぎ、数千人規模の技術人材の雇用が生まれた。半導体業界は川上から川下までの技術がそろい、完全で洗練されたものになっていった。ＴＳＭＣの副社長である秦永沛は、２０２１年6月1日に開催した同社の技術フォーラムで、世界中にあるＥＵＶ露光装置の5割はＴＳＭＣに置かれていると語った。ＥＵＶ装置の一部の機種に至っては65％であり、この数字はＴＳＭＣの豊富な経験と量産能力を示すものだ。

２０２１年のフォトマスクの生産能力は、顧客のニーズに応えるために２０１９年の20倍になった。長寿命化にも取り組み、近いうちにＤＵＶ（深紫外線）装置の水準に達する見込みだ。また、２０２３年の５㎚の生産能力は２０２０年比で４倍以上になり、それまでの３年で先端プロセスの生産能力も30％以上増加する見込みだ。

ＴＳＭＣの情報技術・資材・リスク管理担当の副社長である林錦坤は、ある公開の場で、生産能力拡大と新工場建設に必要な製品、技術、サービスを提供してくれたこと、７㎚プロセスの生産能力拡張を支援してくれたことに対し、全サプライヤーの緊密な協力と支援に心からの感謝を表明した。そして今後、５㎚プロセスの量産に向けてパートナーとして引き続き協力してほしいと続けた。

２０１９年12月、会長のリウは、優れたサプライヤー14社に「卓越貢献賞」を授与した。受賞企業にはアプライド・マテリアルズ、ＡＳＭ台湾、ＡＳＭＬ、荏原製作所、ラムリサーチ、東京エレクトロン、テラダイン、関東鑫林、メルクパフォーマンスマテリアルズ、信越化学、台塑勝高科技、そして互助営造、漢唐、台特化の地元企業３社が名を連ねた。前述のように、ＴＳＭＣは国内のサプライヤーの育成に積極的に取り組み、技術的に洗練された企業に育成するための努力は、まずまずの成果を上げている。

以下では、ＴＳＭＣの巨大サプライチェーンにおける六つのカテゴリーの代表的なサプライヤーを分析していく。

Ⅰ プラント・エンジニアリングと工場建設

台湾では、1980年代のPCと周辺機器市場の急成長で工場の建設需要が拡大した。一方、工場にはクリーンルームの設置が必要なほか、スピーディーな建設が求められた。過去20～30年で、台湾の建設産業は、わずか数カ月で巨大な工場を完成させる能力を身につけた。中部と南部サイエンスパークにある液晶パネルの群創光電やAUOの数万坪にもなる巨大工場の場合、着工から完成までの工期はわずか半年だった。しかも、施工を手がけた建設会社は施主の革新的なビジョンに見事に対応し、デザイン感覚に優れた近代的な設計を取り入れ、機能性ばかり追求しデザインをまったく重視しない従来の工場のイメージを一掃した。

これらの経験や技術力はファウンドリーの超大型ファブにも生かされている。ただし、ハイテク工場はナノの時代に移行しており、製造環境には、無菌クリーンルーム（クラス1～10）に加えて、耐震性、防火性、台風に強いことなども求められる。このような高い技術が要求される工場建設を担当する企業は、厳格な環境認証プロセスの審査を経なければならない。建設業界の老舗である互助営造や、空調や水道・電気工事、クリーンルーム施工の専門企業である漢唐は、この分野の工事を手がける企業の代表例だ。両社は1986年に

TSMCのプラント・エンジニアリングのサプライチェーンに加わり、以来数十年、TSMCとともに成長・発展を続け、2020年の売上高はそれぞれ180億台湾ドル、358億台湾ドルだった。

大型ハイテク工場の建設なら、互助営造は間違いなく台湾のトップ企業だ。長い社歴がありながら、革新的な設計と工法を提案し、業界をリードしている。TSMCの創業時から互助営造は緊密なパートナーであり、5㎛から3㎚まですべての大型ファブの建設に携わっている。これらのパートナーは、過去20~30年にわたり台湾半導体産業の発展に貢献してきた。互助営造は、優れたパートナー企業に贈られる「卓越貢献賞」を過去20年間で何度も受賞している。

●互助営造が建設に携わったTSMCの工場の例

1 ファブ1、ファブ2、ファブ3、ファブ4、ファブ5、ファブ6
2 ファブ12（第1フェーズ、第2フェーズ、第4フェーズ、第5フェーズ、第6期シェルパッケージ）
3 ファブ14（第2フェーズ、第3フェーズ、第6期シェルパッケージ）
4 ファブ15（第1フェーズ、第2フェーズ、P6ファブ・シェルA 1B1、P5ファブ・シェル

パッケージ5B）

5　ファブ18（P1ファブ・シェルパッケージ、P1・CUP棟シェルパッケージ、F18 P2ファブ・シェルパッケージ）

6　パッケージング・テスト工場

ウエハー工場は生産能力が大きくなればなるほど、計画段階で広大な敷地を確保しなければならない。メーン工場は通常サッカー場2、3個分の広さがあり、工場本体の建設以外にも、クリーンルームや電気・水道・ガス設備、空調などは専門の設備関連企業が請け負う。施工のスケジュール管理や工事の順序、大型設備の搬入、安全管理など、そのマネジメントは非常に複雑だ。

漢唐は、ファブ3やファブ4の機械・電気システムの構築や、ファブ12、ファブ14、ファブ15の設備工事を担った。クリーンルームの領域では最も質が高く、TSMCの重要なパートナーとして生産設備の導入に関わっている。

●漢唐が関わったクリーンルームや専門的なシステムの導入の例

1　ファブ3、ファブ4の機械・電気システムの構築と導入

2　ファブ12のMEP工事ほか
3　ファブ14のMEP工事、クリーンルームシステム、半導体製造装置へのフックアップ作業ほか
4　ファブ15のP1、P2クリーンルームシステムほか
5　南京工場クリーンルームシステム

2　多様な工場サービス

TSMCの先端プロセスは28nmに始まり、最近では7nm、5nm、3nmで世界の競合他社をリードしている。TSMCからシェアを奪いたい韓国や中国は、先端情報を手に入れるため機密情報を熟知している技術者の引き抜きなどあらゆる手段を講じている。また、TSMCの各工場内の設備と資材はそれだけで数千億台湾ドルの価値があるため、工場内のセキュリティーや機密保持対策も非常に厳格に実施する必要がある。そのため、セキュリティーカードやウイルス対策ソフトウエア、サイバー攻撃を防ぐシステムや対策ツール、その他セキュリティー機器などのサプライヤーは、安定した収入と大きな利益を得ることができる。

TSMCの工場関連の周辺サービスは多種多様だが、代表的な企業を見ていこう。

台北工専（現・国立台北科技大学）の鉱業冶金学科を卒業した白陽泉は、まさか自分が50歳を目前にした48歳で、TSMCなどの半導体企業向けに洗濯サービスを提供する尚磊科技を創業するとは思っていなかった。ただのクリーニング業者と侮ってはいけない。同社は半導体工場で働くエンジニアやオペレーターが毎日着用する無塵・無菌のクリーン服の洗濯を請け負う、専門性と科学技術を持ち合わせたランドリーだ。1999年にクリーニング事業を立ち上げ、年商1・1億台湾ドル、従業員80人超の企業に成長した。TSMCをはじめとする大小200社以上の半導体企業から1年間にクリーン服150万着、クリーンシューズ60万足の洗濯を請け負う。

TSMCは環境保護の観点から、使用済みのクリーンルーム用無塵布（ウエス）を洗浄して再利用したいと考え、尚磊科技がその研究開発を請け負った。白陽泉は「これほど儲けている大企業が、小さな消耗品を再利用したいと考えていることに感銘を受けた」と話す。(注8)白陽泉は、どのようにして今のスキルを身につけたのか。彼は若くして軍を退役した後、大手企業に就職できず、小さな求人広告で見つけた廃水処理の仕事に就いた。この仕事は環境保護と密接につながっているが、60年代の台湾企業は利益第一で環境保護には目もくれなかった。当時は企業に「社会的責任」という概念がほとんどなく、生産に直接関係のないコストはできる限り削減するのが当たり前で、廃水処理にコストをかけるのは無駄と考えられていた。そんな状況に心を痛めた白陽泉は、友人と工業廃水と都市の下水の処理を専門とする十大環保を設立した［1977年］。台湾初の環境保護を使命とする企業だった。当初は苦戦したが、台湾経済が急速な成長を遂げ、その後、経営者の間で環境保護に対する意識が徐々に高まってきたことから事業は軌道に乗り、売り上げを伸ばしていった。その頃、白陽泉は顧客の話から半導体業界に「純水」のニーズがあることを知り、そこにビジネスチャンスがあると確信し、1986年に尚磊科技を創業した。クリーン服のクリーニング事業は1999年に立ち上げた。白陽泉は無菌・無塵のクリーニング技術について研究を重ね、半導体工場向けというニッチなサービスを切り開いた。現在、尚磊科技は国内十数カ所の半導体工場からサービスを請け負う専門性の高いサプライヤーになった。工場の規模も数も多いTSMCは、尚磊科技の最大顧客だ。二つの企業を設立した白陽泉は、母校の台北科技大学の優秀な卒業生100人に選出されている。

【尚磊科技】1986年設立、クリーニング事業は99年から開始。会長は白陽泉。売上高1・1億台湾ドル。主な事業内容は、クリーン服・シューズのクリーニング、使用済みのクリーンルーム用ウエスのリサイクル。

3 設備のメンテナンス、修理サービス

ウエハー製造において不可欠なのが真空システムだ。特殊なガスを吹きかけるエッチングや成膜プロセスは、真空状態にすることで高い歩留まり率を実現できる。3交代制で1年中生産を続けるウエハー工場では、100%の稼働率と高い生産性を維持するため、すべての製造装置が十分にメンテナンスされていなければならない。また、ファブでは高い精度が要求されるため、真空システムなどの設備に対しては非常にクリーンで精密なメンテナンスが欠かせない。

台南市安南区の日揚科技は「TSMCの鬼指導」に鍛えられた真空ポンプのメンテナンスに特化した企業だ。TSMCの工場からすべてのポンプが同社に送られ、専門の技術者が無菌・無塵環境下で部品を一つずつ分解・分別し、丁寧に洗浄した後、元通りに組み立てる。メンテナンス後のポンプはきれいで輝いている。この技術をマスターするまでの道のりは決して平坦ではなかった。ポンプから粉塵が落下する問題を解決するために、粉塵を水で受け止める洗浄装置（スクラバー）を独自に開発した。これにより、3カ月に1度、洗浄が必要だったポンプが、1年以上使用できるようになった。(注8) さらに、同社の研究開発チームは、真空

システムのターボ分子ポンプに粉塵が付着するトラブルを低減させるための特別な設計を開発した。CEOの寇崇善は、メディアのインタビューで「TSMCはクリーンルーム内で真空システム装置を組み立てることを求めており、それが実現できたのは世界中で私たちだけでしょう」と話している。TSMCからの厳しい要求に応え続けながら、日揚科技は海外ポンプ大手エドワーズなどよりも高度なサービス力を身につけていったが、投資に見合うほどの需要はあるのだろうか。寇崇善によると、月産4万枚規模のウエハー工場には少なくとも1500台の真空関連機器が必要であり、空気を送り出すターボ分子ポンプや微粉塵洗浄装置は年に1、2回のメンテナンスが欠かせない。さらに、メンテナンス中は、日揚科技が半導体企業に予備の装置を取り付け、プロセスが正常に稼働するようサポートする。TSMCやUMCなどのように常にフル稼働している半導体工場に対しては、こうした連携がとても重要だ。

寇崇善は次のようにインタビューを締めくくっている。「TSMCとの取引は難しいといえば難しい。だが、別の見方をすると非常にシンプルだ。難しいのは彼らの要求レベルが非常に高く、コストも厳しく抑えられていることだ。さらに、環境保護、労働者の安全や権利など、数々の厳格な規定がある。それは口先だけでなく、実際に監査もある。シンプルなのは、TSMCからの支払いは一度も遅れたことがなく、受注のためにコネや接待に頼る必要もなく、すべては数字次第という点だ。このようなサプライチェーン・マネジメントの文化の中で、提供する製品やサービスについてＴＳＭＣから認証を取得できれば、他の半導体企業から受注を獲得する際に大きなプラス要因となり、契約までの時間が大幅にスピードアップする」

【日揚科技】１９９７年設立。ＣＥＯは寇崇善。売上高25・66億台湾ドル、利益率11・46％。『天下雑誌』の「２０２１年製造業ベスト１０００社」で８２９位。主な事業内容は、真空チャンバー、モジュール、スライドドアの設計と販売、真空システム設備のメンテナンス。

４ 設備・部材の供給

半導体製造装置の分野は過去数十年間、米日欧の大手メーカーが支配してきた。その最たる企業が、ＥＵＶ（極端紫外線）露光装置を製造するオランダのＡＳＭＬだ。同社はＥＵＶリソグラフィー技術において圧倒的なリーダーであり、その結果、装置の価格設定は同社の裁量に委ねられている。２０１８年、ＴＳＭＣが７㎚プロセスの量産化に成功したのは、

ASMLの新世代EUV装置技術がTSMCのニーズを満たしていたことが大きい。それぞれの領域で圧倒的な強さを誇るこの2社は非常に緊密に協力し合っている。しかし、EUV露光装置の価格は上昇の一途をたどっていて、今や10㎚未満のEUV装置の価格は数十億台湾ドルに達する〔次世代EUV露光装置は1台430億~500億円といわれている〕。

2018年以降、TSMCは先端プロセス製品の需要に応えるため、EUV装置を毎年15~25台購入しており、購入額は1000億台湾ドルを超えている。このようなほぼ唯一無二の供給と需要の関係は、業界内の羨望の的だ。このほかにも、半導体工場は様々な設備を必要としている。ウエハー製造に関連する多くの装置、処理工程、自動化システムも必要で、100社以上のサプライヤーが関わっている。その中には、プロセス装置のフォックスセミコンや萬潤科技(オールリング・テック)、盟立自動化(Mirle Automation)、EUVポッドに特化した家登精密工業などがある。盟立は非常に経験豊富な産業用ロボット(ロボットアーム)や自動化装置の専門メーカーだ。創業者で会長兼CEOの孫弘は米ウィスコンシン大学で機械工学の博士号を取得した自動化のエキスパートだ。モリスが工研院の院長として台湾に戻った際、孫弘は同院の機械工業研究所で副所長を務めており、その頃から2人は交流がある。当時、私も自動化分野の取材をしていた。機械工業研究所は80年代の台湾において、ロボットアームと自動化装置を研究・開発する唯一の機関であり、孫弘は当時から自動化分野の多くのプロジェクトを担当していた。その後、１９８９年に盟立を創業し、台湾の自動化分野のパイオニア的存在となった。ＴＳＭＣがそれほど大きくなかった１９９０年代、テクノロジー界の王者はＩＢＭだった。盟立はＩＢＭから５、６年連続で優秀パートナー、あるいはベストパートナーとして選ばれた。現在、ＴＳＭＣの国内外数十カ所の工場は、自動化のモデルとして評価されているが、それは盟立をはじめとするサプライヤーの功績なくしては語れない。

家登は、リソグラフィーの工程に必要な装置のサプライヤーだ。製造する製品は、フォトマスク洗浄装置やフォトマスクケースなどだ。２００６年にＴＳＭＣの技術賞を受賞した。特筆すべきは同社がウエハー用やフォトマスク用のキャリアやケースに特化している点だ。ウエハー用では１００㎜から４５０㎜の５種類のキャリアを提供し、フォトマスクケースはすべてのサイズに対応可能だ。家登のようにブルーオーシャンで商機を見つける戦略は、ＴＳＭＣの多くのサプライヤーにとって参考になる。

5 ウエハーとパッケージングの材料

第2章で、台湾プラスチックの王永慶とＴＳＭＣ創業期のモリスとの関係について紹介した。台湾プラスチックが購入したＴＳＭＣ株はすぐに売却され、それから10年間、両社の交流はほとんどなかった。再び交流を持つようになったのは１９９５年だった。台湾プラスチックは日本の半導体材料メーカーＳＵＭＣＯ ＴＥＣＨＸＩＶと合弁会社・台塑勝高科技を設立して日本の親会社の技術を台湾に移転させ、ＴＳＭＣをはじめとする半導体企業への供給を始めた。シリコンウエハーの材料となる直径8インチや12インチの単結晶インゴットを製造し、薄くスライスして表面を研磨した後、アルゴンガスなどによる高温熱処理などで表面に特殊加工をし、洗浄や検査をして出荷する。これらは半導体産業において最も重要な原料であり、ＩＣ、ＤＲＡＭ、フォトダイオード、ディスクリート半導体、太陽電池の基板などに使用されている。２０１９年の地域別販売シェアで見ると、台湾国内が79・5％、国外（アジア、米国）が20・5％で、製品別では8インチのシリコンウエハー22％、12インチが17％となっている。主要顧客はファウンドリー企業とＤＲＡＭ企業の二つで、台湾のＤＲＡＭ企業のほとんどが取引先であり、ファウンドリーの最大顧客はもちろんＴＳＭＣだ。次いで、ＵＭＣや中国のＳＭＩＣ、華虹半導体が続く。

シリコンウエハー製造の競合企業は、台湾ではグローバルウェーハズ（環球晶円）、合晶、尚志半導体、モスペック・セミコンダクター（統懋）、エピシル・プレシジョン（嘉晶電子）、海外では韓国のＯＣＩ、ＬＧシルトロン（現・ＳＫシルトロン）、日本の信越化学工業、ＳＵＭ

ＣＯ、米国のクアーズテック、サンエジソン、ドイツのワッカー・ケミーなどだ。台塑勝高科技の日本の親会社であるＳＵＭＣＯは、世界第2位の半導体シリコンウエハーメーカーであり、生産技術においてＳＵＭＣＯの協力を得られることは競争上有利に働くだろう。台塑勝高科技はシリコン単結晶の引き上げ、切断、エッチング、研磨、洗浄、特殊加工（エピタキシャル）などの全工程を持つ、12インチシリコンウエハーのサプライヤーであり、台湾の顧客にとっては、材料の現地調達と予備在庫の削減というメリットがある。さらに、同じ台湾プラスチック傘下の南亜科技や華亜科技のサポートにより、製品の品質管理も万全だ。

台塑勝高科技は長年にわたり、優れた品質と確実な納期でＴＳＭＣから大きな評価と信頼を得ており、卓越貢献賞を受賞した14社のうちの1社だ。ウエハーとパッケージングの材料の領域では、同社のほかにグローバルウェーハズ、合晶科技、尚志半導体、長華科技、光洋應用材料科技など数十社の国内メーカーがひしめき合っており、ウエハー製造の複雑な工程の中にブルーオーシャンを探し求めている。例えば、光洋應用材料は２０１９年からスパッタリング用金属ターゲット材の開発に取り組み、2年間の研究開発期間を経て、２０２１年第4四半期にはＴＳＭＣやＵＭＣに供給を開始する見通しだ。

6 化学物質、ガスの供給

ウエハーの製造では、エッチングや洗浄などの工程に様々な産業ガスが必要なため、TSMCはいくつかの大規模な合弁企業を育成してきた。本書の第6章2で、TSMCのグリーンエネルギーへの投資[注9]について触れており、その中で亜東工業ガスが優れたガスサプライヤーであると述べた。同社は、フランスのエア・リキード・グループと台湾の遠東新世紀グループとの合弁会社で南部サイエンスパークに工場を持つ。

TSMCはこうした優秀な合弁企業と協力し合うだけでなく、時に合弁会社に出資する国外の親会社から、先進的なアイデアや技術がTSMCにもたらされることもある。その例が、エア・リキードが開発した最先端の電子調達システムCoupaであり、パートナー企業は無料で利用できる。Coupaは購入者とサプライヤーをつなぐ最先端の電子調達プラットフォームでウェブに対応しているため、様々なシステムと互換性がある(ログインしてすぐに利用できる)。エア・リキードはサプライヤーから資材やサービスを購入したり、発注書を作成・送信したりするためのプラットフォームとしてCoupaサプライヤーポータル(CSP)を活用している。CSPは(1)企業情報の管理、(2)注文・配送に関する設定、(3)オンライン商品カタログの作成、（4）すべての注文の閲覧、の四つの機能をサプライヤーに無料で提供している。

第5章

TSMCの技術開発秘話

1 創業の壁——6インチファブからのスタート

起業が難しいのは事実だが、モリスは苦労の末、巨額の創業資金を何とか調達し、最初の工場を立ち上げた。重要なのは、TSMCにとって初期の強力なライバルだったUMCが、TSMCと同じ新竹サイエンスパークにすでに存在していたことだ。TSMCより7年早く創業したUMCはビジネスを軌道に乗せ、業界でも広く知られるようになっていた。優秀な人材は安定した企業に集まるものだ。UMCが研究開発、生産、営業などの分野で一流の人材を集めるのは容易だったが、TSMCは経験豊富な人材の採用に苦戦していた。大学や大学院を卒業したばかりの新卒者は、TSMCがどんな会社か知らないため入社をためらった。

一つ幸いしたのは、モリスが台湾に戻って最初の4年間（1986〜1990年）は、工業技術研究院の院長を兼務していたことだ。同院の電子研究所は、半導体産業の研究開発の育成における一大拠点だった。モリスは電子研究所の史欽泰所長や曽繁城副所長と相談し、研究所の6インチウエハーの実証工場をTSMCの準備室に丸ごと移転することを決めた。設備がフル稼働してこそ、研究者や製造技術者の将来に道が開けていくという考えがあったからだ。だが、電子研究所の上層部が研究員にＴＳＭＣへの就職を打診しても、その多くは新しい会社への就職というリスクをとるよりも、比較的安定している電子研究所に残ることを選んだ。

創業1年目、ＴＳＭＣは電子研究所の全面的な支援を受け「三低メリット」、つまり「低い工場建設費（サイエンスパークの土地の賃貸料は国外に比べてかなり安い）」「低い設備費（当初は電子研究所から借りていた）」「低い人件費（人材は電子研究所からの移籍）」を実現させた。

振り返ってみると、最初の6インチウエハー・ファブを順調に運営できたのは、生産を担当した副社長の曽繁城が約１２０人からなる技術者チームを連れてきたからだ。彼らはもと、工研院の電子研究所が数年をかけて育てた技術者たちだ。「養兵千日，終在一時（兵を養うこと千日、用は一朝にあり＝いざという時に備えて準備を整えておく）」ということわざの通り、初年度からコストをかけずに経験豊富な人材を得たことで、製品の歩留まり率や量産にかかる問題を迅速に解決し、事業は順調に立ち上がった。

曽繁城はその後数十年にわたり、ＴＳＭＣの工場立ち上げと生産で重要な役割を果たした。２０１８年1月、台湾清華大学から名誉博士号を贈られ、授与式の場にはモリスも出席してスピーチした。ＴＳＭＣの創業当初、曽繁城が技術者チームを率いて組織を固めていなかったら、自分は市場開拓に専念できなかったと述べ、彼の功績を語るには1時間では足りないとユーモアを交えて曽繁城を称えた。ここで、モリスが曽繁城と決断した二つの重要事項に言及しておく必要があるだろう。一つ目は1999年にIBMがTSMCに技術のライセンス供与を持ちかけ、最終的にモリスが曽繁城の主張に同意し、独自に技術開発を進めるようにしたこと、二つ目は徳碁半導体と世大積体電路というファウンドリー2社の買収を決めたことだ。買収後、曽繁城は生産システムを統合し、これがTSMCの成長の基盤となった。

曽繁城はスピーチの中で、1970年代から80年代にかけて、台湾政府、特に台湾の半導体産業の発展に尽力した孫運璿、潘文淵、李国鼎に感謝の意を表した。1973年、孫運璿は台湾の経済を発展させるため工研院の設立を推し進め、工研院のおかげで曽繁城は潘文淵が主導するRCAプロジェクトに参加し、米国研修の機会を得た。そこでの経験がウエハー製造技術の理解を深めていくきっかけになった。

モリスとともにTSMCを築いた30年の月日を振り返りながら、曽繁城は当時のTSMCが顧客の獲得や製品の品質向上などで多くの課題に直面していたことを明かした。それを改善するためフォトマスクの自社製造を認めるようモリスを説得したが、「納得してもらうのは容易ではなかった」と振り返った。続けて、TSMCのフォトマスク技術は、今や世界水準に達していると話した。彼は、創意電子への投資やIC設計のプラットフォームを通じたサービスの開発を提案した。今振り返るとたった数行で表現されてしまう話だが、当時は大変な苦労があったようだ（参考＊台湾清華大学公式サイト）。

2 TSMCとUMC

台湾の半導体産業では、政府主導で１９７４年から１９８６年まで3期にわたって「電子工業研究発展計画」が実行され、ハイテク推進政策として大きな成功を収めた。当時、台湾と日本を除くとアジア各国は半導体という新興産業についてほとんど知識がなかった。のちにシンガポール政府がその潜在力と重要性に気づき、政策として投資を開始したが、すでに台湾より20年遅れていた。台湾の半導体産業の開発計画では、12年間で約45億台湾ドル以上の資金が投入された。ＵＭＣやＴＳＭＣの2大企業を支援したほか、あまり知られていないが、半導体産業の川上から川下までの分業体制が形成された。

・フォトマスク――台湾光罩（のちに2社設立された）。

・ＩＣ設計――太欣半導体、合徳積体（その後、この2社の出身者が起業したＩＣ設計会社は十数社にのぼる)。

・ＩＤＭ――ＵＭＣ(のちにＵＭＣから約10社のＩＣ設計会社が生まれた)

・ファウンドリー――ＴＳＭＣ(のちにＴＳＭＣは1社のファウンドリーと2社のＩＣ設計会社を傘下に入れた)。

・ＩＣパッケージング――外資9社、電子研究所の支援企業3社の合計12社。

2000年以前、台湾メディアは「台湾の半導体デュオ」と呼ばれたＴＳＭＣとＵＭＣの競争をよく取り上げた。この2社には多くの共通点があった。

・政府主導――2社とも国家予算が投入された「電子工業研究発展計画」の恩恵を受けた。

・起業チーム――ＵＭＣのＣＥＯ(のちに会長)である曹興誠、宣明智(後任のＣＥＯ)、劉英達(工場長)は電子研究所の出身であり、ＴＳＭＣのモリスも含め、いずれも工業技術研究院の出身だった。

・技術者の供給源――初期段階の人材や技術は、電子研究所からの移転。

・プロセス――両社ともＡＳＩＣ技術からスタートした。ＵＭＣは初期段階では電子研究所の支援を受けて新たな4インチウエハーのＡＳＩＣ工場を新設した。ＴＳＭＣは電子研究所から移管された既存の6インチウエハー工場を使った。

・初期の資金調達――政府が主導し、広義の公的出資（党の持ち分を含む）が最大のシェアを占めた。

UMCはTSMCより7年早い1980年に創業された。曹興誠と宣明智の優れたチームのリーダーシップのもと、創業3年目にサウンドICで成功を収めた。同社のサウンドICを使った歌が流れるおもちゃが大ヒットしたことで業績は黒字に転換し、1985年には売上高が12・9億台湾ドル、利益が2・17億台湾ドルに達した。これは、当時の台湾における民間企業の最高記録であり、政府主導の半導体企業として初の成功例となった。

一方、1987年2月設立のTSMCは、最初の数年は成長が鈍く、特に1990年は新工場への投資や設備の減価償却などで1・47億台湾ドルの営業赤字になったが、幸いなことに、補助金や優遇措置の活用により最終赤字は免れている。しかし、1991年以降、TSMCは指数関数的に成長し、特に1993年の粗利益率は50％に迫るほどだった（次ページ表参照）。

この表からわかるのは、TSMCの売上高は1年目の数億台湾ドルから、100億台湾ドルに達するまで6年、100億台湾ドルから1000億台湾ドルまでには6年半かかったということだ。その後、売上高が2000億台湾ドルを超えるまでに要したのはわずか3年だった。

両社の差が大きく広がった最も劇的な変化は２０００年に起きた。

まず、ＵＭＣが同年1月、グループ企業の聯誠、聯瑞、聯嘉、合泰と合併し、企業規模が大幅に拡大したことで、ＴＳＭＣにとって脅威となった。そこで、ＴＳＭＣはモリスの主導で徳碁半導体と世大積体電路を買収した。これには多額の費用を要し、さらに引き継いだ設備の減価償却などもかさんだため、翌年の営業費用は８９５億台湾ドルに膨れ上がり、粗利益率は30％未満の低水準に落ち込んだ。しかし、数年後には減価償却費の減少などに伴い粗利益率は改善し、２００４年以降は40％以上に回復した。

ＵＭＣは合併により生産能力がほぼ倍増した。同社は１９９５年、ＩＤＭ企業からファウンドリー企業に転換し、ＩＣ設計部門はメディアテック、ノバテック（聯詠科技）というＩＣ設計企業として独立した。

ＴＳＭＣによる2社買収は、数年にわたってコスト増加の痛みをもたらしたが、ここで重要なのは、売上高が買収前の７４０億台湾ドルから、買収の翌年には１６９２億台湾ドルに急増したことだ。ここでＵＭＣとの差を大きく広げたことで、その後、売上高の差はどんどん開き、市場シェアの差も一桁から二桁に拡大した。一部の専門家は、当時、中華開発資本「ベンチャーキャピタル」の総経理・胡定吾が競争心理を巧みに利用したため、世大積体電路が

TSMCの業績推移

年度	売上高	利益	利益率
1991	44億	13億	29.5%
1992	65億	19.8億	30.4%
1993	123億	57.1億	46.4%
1994	193億	104.9億	54.3%
1999	740億	322億	43.5%
2000	1692億	739億	43.6%
2001	1285億	336億	26.7%
2002	1661億	523億	31.4%
2003	2072億	748億	36.1%
2004	2619億	1158億	44.2%

UMCの業績推移

年度	売上高	利益	利益率
1999	337億	89億	26.4%
2000	1156億	585億	50.6%
2001	698億	88.3億	12.6%
2002	754億	125億	16.6%

（出典）台湾証券取引所ウェブサイト

過大に評価され、TSMCの買収価格が割高だったと批判した（TSMC1株に対し世大2株の交換）。あとからでは何でも言えるが、財務分析をしてみればモリスの判断は賢明だった。以降、TSMCは収益においてUMCを大きく引き離した。

3 TSMC対インテル、そしてサムスンとの競争

私は1982年から1991年くらいにかけて、マイクロソフトのビル・ゲイツやインテルのアンドリュー・グローブなど、世界のハイテク業界のリーダーたちに記者として数多くインタビューした。その頃の台湾は、「ウィンテル」（マイクロソフトOSとインテルのMPUを搭載）のPC互換機の製造受託を推進したことによって関連企業が大きく育ち、PCサプライチェーンの世界的な中心地となっていた。同時に、インテルのMPUとマイクロソフトのOSが世界のPCのデファクトスタンダードとなり、ビル・ゲイツやアンドリュー・グローブは何度も台湾を訪れた。

1980年代から30年以上にわたって、世界のPC市場を席巻してきた「ウィンテル」の

アーキテクチャーは、世界初のパソコンをつくった米アップルを業界の隅に追いやり、マイクロソフトとインテルを超巨大企業に押し上げた。そして、ビル・ゲイツは何度も世界の長者番付のトップにランクされた。

モリスが率いるTSMCは、MPUの巨人であるインテルと長い付き合いがある。

TSMCは1987年の創業時、工研院の電子研究所から3㎛プロセスの6インチウエハー用の製造装置を移転させたが、技術的にはインテルから2・5世代も遅れていた。1988年、台湾を訪れたアンドリュー・グローブは、親交のあるモリスからTSMCの工場見学に招待された。その時の様子をモリスはインタビューで「彼は製造プロセスの歩留まりがよいことに注目していた、もしかしたらインテルと取引できるかもしれないと感じた」と述べた（『サンノゼ・マーキュリー・ニュース』2011年）。また、清華大学の洪世章教授は、著書『打造創新路徑（革新への道を切り開く）』の中で、当時インテルはTSMCに200個もの難問を投げかけ、TSMCは一つずつ解決していったと記している。1年後、TSMCはインテルからサプライヤーの認証を受け、ローエンドのMPUとチップセット製品の受託生産を手がけるようになった。つまり、創業から13年間は、インテルだけでなく、TI、GI、RCAなどの大手企業からはそれほど好意的に見られていなかったといえる。

だが、ここから状況が大きく変わる。

1999年、米エヌビディアが革新的なGPU（グラフィック・プロセス・ユニット）を発表した。オンラインゲームの台頭と相まって、この優れた設計と機能を持つGPUの投入により、売上高は短期間で倍増し、大きな利益を上げるようになった。エヌビディア創業者のジェンスン・ファン（黄仁勲）は、この革新的なチップの生産をTSMCに委託した時、製品が成功するか失敗するか予測できなかったという。0・13㎛プロセスは、当時としては最新の製造技術であり、TSMCがエヌビディアの注文を受けて歩留まり率を達成したというニュースは、国内外のIC設計産業に衝撃を与え、また、エヌビディアも新興ベンチャーとして脚光を浴びた。

エヌビディアのプロジェクトにおいて高い歩留まり率で量産を実現したことが評価され、有名企業がTSMCに製造を委託しようと行列をつくるようになった。TSMCとエヌビディアの協力は大成功を収め、両社はそれぞれファウンドリー業界とIC設計業界で確固たる地位を築いていった。

2018年、TSMCはさらなる技術躍進を遂げる。インテルに先駆けて7㎚プロセスの量産に成功し、30年間にわたるインテルの「ウエハー製造技術のリーダー」の時代に終止符を打った。その直後から、TSMCは高収益と莫大な研究開発投資の好循環に入り、儲かれば儲かるだけ技術開発とプロセス改善にリソースを投入し、5㎚と3㎚プロセスのそれぞれでインテルを凌駕するようになった。

CEOのウェイは2021年6月に開催された技術フォーラムのスピーチで、5㎚の先端プロセスは2020年のパイロット生産を経て7㎚比で速度が15％向上、消費電力が30％減、ロジック密度が80％向上し、2021年に南部サイエンスパークのファブ18で量産を正式にスタートさせると発表した。この技術は、携帯電話、5G、AI、コネクテッドデバイス、HPCなどの領域で広く活用され、将来的には自動運転車向けチップにも使われるようになるだろうと述べた。

TSMCの張暁強・事業開発担当副社長もこのフォーラムで、2017年にパイロット生産を始めた7㎚プロセスの生産数は、2020年末までに10億個を達成したと報告した。ということは、7㎚で出遅れてしまったインテルとサムスン電子は相対的に巨大な機会損失を出したことになる。

ウエハー製造は資金と技術、人材の蓄積によって成長する産業であり、一度後れをとってしまうとそこから追いつくために数倍の資金と時間を投入しなければならなくなる。その間、追いかける側は、数年間にわたって減収減益や赤字のリスクに直面し、赤字化すれば取締役会や株主に説明責任を果たすことが難しくなる。結果、上場企業の経営者は撤退を選ぶこともある。実際、グローバルファウンドリーとUMCというファウンドリー2社は、20㎚以下の先端プロセス競争から撤退した。

インテルとTSMCは、受注の方式において大きな違いがある。インテルは過去数十年にわたり、CPUについては、営業部門からの顧客注文に応じて生産してきた。通常、顧客は生産の4～6カ月前に発注し、最終製品（ノートPC、デスクトップPCなど）の販売が予想を下回っても、発注したCPUはキャンセルできない。基本的に計画生産型だ。一方、TSMCの生産計画にも一定の手順はあるが生産能力の割り当てに関しては、はるかに柔軟性があり、顧客の重要度や協力体制、製品の革新度合い、価格や利益など様々な要因に対して調整が可能だ。

つまり、重要な顧客の緊急のニーズにいつでも対応できるように一部の生産能力を振り向け、緊急発注、差し込み発注、キャンセルなどの変化に随時対応する。それは優先車専用レーンがある高速道路のようなものだ。インテルCEOのパット・ゲルシンガーや役員、製造・研究開発の上級幹部にとって、これはまったく異なる文化だ。

業界全体の動向から分析すると、近年、インテルは「TSMCグランドアライアンス」に対し四つの大きな課題に直面している。

課題 Ⅰ

PC用CPUをめぐる戦い

2020年以前、世界で毎年3億台販売されていたPC(ノート、デスクトップ、タブレット)のCPUのうち、TSMCが生産した製品の割合は20%に満たない。これは、インテルがこの市場を長らく独占し、70%以上のシェアを握ってきたためだ。2006年にAMDが一度追いついたが、その後、インテルは新技術を開発し、トップの座を取り戻した。しかし、この数年で事態は一変した。AMDがTSMCの7㎚技術を採用すると、PC用CPUの市場シェアが急上昇したのだ。

2021年1月、デスクトップPC用でAMDの市場シェアは50%を突破し、インテルを大きく超えた。つまり、TSMCグランドアライアンスがインテルに勝利したわけだ。

アップルのノートPCやタブレットのCPUでも、TSMCの先端プロセスが大量に活用されている。アップルは数年以内にすべてのPC製品に自社設計のマイクロプロセッサーを採用する計画だ。2020年12月に発売されたM1チップは、すでに3機種のノートPCやデスクトップPCに使われている。このチップを搭載する3万台湾ドルのMacBook Proの性能はIntel Core i9を搭載した9万台湾ドルクラスのものより優れている。それはTSMC

の5nmプロセスの成果であり、TSMCグランドアライアンスの力が発揮された。この「アップル＋ARMアーキテクチャー＋TSMCの最先端プロセス」という三つの要素の組み合わせは、長年にわたりPC業界を支配してきたインテルのX86シリーズの主力製品を打ち破り、この戦いでもTSMCグランドアライアンスがインテルに勝利した。

台湾の2大国際ブランドの一つASUSと、中国最大のノートPCメーカーのレノボは近年、自社ブランドのノートPCのCPUをAMDに切り替えており、これもインテルがPC用CPU市場でシェアを奪われている一例だ。インテルにとっての次の悪夢は、マイクロソフト、エイサー、ASUSがARMアーキテクチャーで設計された次世代の高性能な汎用マイクロプロセッサーを搭載した非常に高速で省電力の革新的ノートPCを発売することだろう。これにより、30年にわたって市場に君臨した「インテル・インサイド」の牙城が崩れ去る可能性がある。今後、インテルが凋落していくかどうか、もう少し様子を見てみよう。

課題2　スマートフォンのCPUをめぐる戦い

マイクロプロセッサーが用いられる三つの領域のうち、販売台数が最も多いのはPC市場だ。しかし近年は、スマートフォン市場が追い上げてきている。現在、スマホの年間販売台数は1億~2億台規模だ。ＡＩや５Ｇの普及により、将来的にスマホにはさらに先進的で使いやすい機能が搭載されるだろう。長年、インテルはスマホ用ＣＰＵ市場を静観してきたため、スマホ向けのハイエンドの技術プロセスで後れを取っている。一方、ＴＳＭＣは２０１2年から、45nm、40nm、35nm、28nm、17nm、15nm、12nm、10nm、７nm、５nmと段階的に技術レベルを高めていった。

２０１４年、45nmプロセスが採用されたiPhone 6は、アップルのスマホで過去最高の２億２０００万台以上が売れた。同じ頃、アップルの競合企業もＴＳＭＣのハイエンド技術を見て自社のスマホ用チップの開発・製造をＴＳＭＣに委託するようになり、ＴＳＭＣはスマホ分野における世界的な地位を確立した。ＴＳＭＣとアップルは最新のiPhone 12まで10年以上にわたって協力関係にあり、ＴＳＭＣはこれまでに10億台分以上のＣＰＵチップを生産してきた。特に、７nmと５nmの技術はインテルを2年以上リードしている。２０２３年には３nmプロセスの量産が開始され、２nmプロセスも計画段階に入っている。つまり、スマホメーカーにとってはＴＳＭＣの先端プロセスを活用すれば、他のＣＰＵを使っているスマホメーカーを打ち負かすことができるわけだ。

インテルは、携帯電話のＣＰＵ市場で過ちを繰り返している。まず、アップルのスティーブ・ジョブズから来たiPhone シリーズ向け専用ＣＰＵの設計要請を断った。その後、インテルCEOのポール・オッテリーニ［CEO在任期間は2005～2013年］は、モバイル用プロセッサーであるXScaleの事業を売却し、台湾の有名ブランドであるASUSのZenFone2に搭載するAtomに力を入れたが十分なシェアを獲得できず、モバイル向けの開発を続ける意欲が失われていった。

ちなみに、2012年以前、TSMCの営業利益の成長率は年平均で8％だったが、2012年にアップルとの取引が始まり、競合スマホメーカーもTSMCと取引を始めたことで成長率は15％に上昇した。さらに注目すべきは、世界のMPU市場においてTSMCの市場シェアが39％になったことだ。これは、同社の経営陣が10年前には考えもしなかった大きな変化である。インテルの経営陣によるスマホ市場での度重なる判断ミスは、アップルと提携する機会を逃しただけでなく、TSMCに大きな成長余地を与え、インテルはスマホ市場から大きく後退した。

課題 3 サーバーのCPUをめぐる戦い

2010年頃からクラウドコンピューティング・サービスが大流行して以来、米アマゾンなど大手ポータルサイトで、個人向けウェブサービスが急速に発展した。これに加え、アップル、フェイスブック、グーグル、ヤフー、微信（WeChat）などからの検索とトラフィックの量も年々倍増し、データの送受信のコントロールセンターとして、強力な機能と大容量のメモリーを持つサーバーが求められるようになった。クラウドサービスの概念は世界中で広く受け入れられ、その結果、サーバーに求められる機能と需要は増加し続けている。クアンタ・コンピュータ（広達電脳）の創設者である林百里（バリー・ラム）は2010年より前からサーバーの市場拡大の可能性を見抜き、早くからサーバー技術の開発に多額の投資を決断し、数年間でノートPCの受託製造業者から、世界最大のサーバーメーカーへと飛躍を遂げた。

また、サーバー自体のCPUを制御の司令塔とする概念も標準的になっていった。

AMDのCEOである蘇姿丰（リサ・スー）は、2021年6月のCOMPUTEX（台北国際コンピュータ見本市）で、TSMCとの提携を加速させ、チップレットとパッケージング技術のイノベーションを促進させるため、3Dチップレットのアーキテクチャーを導入することを発表した。新しい3Dパッケージング・ソリューションの性能は、既存製品比で15倍以上になるという。Zen 3アーキテクチャーはサーバー向け第3世代CPUのEPYC（エピック）から採用され、パフォーマンスは大幅に向上した。ここでもTSMCアライアンスがインテルに大打撃を与えた。

現在では、サーバー用CPUが普及し、標準搭載されるようになった。アマゾンは世界最大のクラウドサービス・プロバイダーでもあり、そのサーバーの使用量も当然最大になる。そこで2020年初め、独自のサーバー用CPU（Graviton）を開発した。このCPUは「アマゾン＋ARMアーキテクチャー＋TSMCの最先端製造プロセス」という協力モデルで開発されたもので、サーバー分野においてインテルの大きな脅威となっている。

課題

4 AI分野でのCPUの戦い

前述のように、エヌビディアは2000年に、ゲーミングPC向けの高速で高性能なグラフィックチップを開発し大成功を収めた。同社はTSMCの0・13㎛プロセスを採用した。TSMCはこのチップで高い歩留まり率と量産を達成し、技術的な地位を大いに高めた。当時、TSMCの生産能力のほとんどがエヌビディアに提供された結果、エヌビディアの売上高と利益は急拡大し、ゲーミングPC用チップの覇者となった。それに伴い、TSMCの売上高に占める先端プロセスの比率が高まり、「TSMC＝ローエンド製品のメーカー」というイメージが一掃され、大手IDM企業からその存在が注目されるようになった。2015年以降、エヌビディアはAI向けのGPU分野で驚異的な研究開発の成果を上げている。これにはTSMCの7㎚と5㎚プロセスが採用されており、この両社の連携を通じてTSMC

のプロセス技術は、次のレベルへと大きな進化を遂げた。半導体受託製造で世界のトップランナーとなったＴＳＭＣは、再び先端チップの量産化に成功した。これによりエヌビディアの売上高と利益は跳ね上がり、２０２１年初めに時価総額が４０００億米ドルを超え、歴史的な高値を記録した［２０２３年５月には１兆米ドルを超えた］。

ＡＩ分野のＧＰＵは、ＴＳＭＣのプロセス技術に支えられたエヌビディアの独占状態だ。この先３～５年、インテルがエヌビディアに追いつくのは難しいだろう。今やＡＩチップはＰＣ、ゲーミングＰＣ、スマートフォン、サーバーへと拡大の一途をたどっている。

これらの四つの分野では、インテルはＴＳＭＣを中核とした大連合との激しい競争に直面している。見方を変えると、半導体産業においてＩＤＭ（垂直統合型）のビジネスモデルは、進歩し続ける技術、多面的な市場の発展、多数の競合相手の存在という現代の状況にはもはや適していないといえる。アップルやエヌビディア、メディアテックなどは、ＩＣ設計に特化し、製造は専門のＴＳＭＣの技術に任せているため、そこに気をかけずに済んでいる。生産能力に巨額の資金を投じ、高い歩留まり率を実現し、経験豊富な2万人規模の技術者チームを育成するＴＳＭＣとその協力企業から成るグランドアライアンスは、今後20年間は世界最強であり続けるだろう。

ここまで分析してきて、一つの疑問が浮かび上がってくる。インテルはウエハー製造から撤退するのだろうか。ＴＳＭＣに学び、研究開発・設計に「特化」し、ＰＣ、サーバー、スマホ向けのＭＰＵ設計に全力投球するようになるのか。

インテルを打ち負かすことはモリスにとって長年の目標だったが、モリスはインテル創業者であるゴードン・ムーア、ロバート・ノイス、アンドリュー・グローブと深い親交があることから、明言はしていない。モリスは次のように述べるに留まっている。「私たち（ＴＳＭＣ）はインテルをベンチマークにしたことはなく、独自に設定している」「ＴＳＭＣはインテルと直接競争をしているのではなく、インテルの半導体製造部門と競争している。私はただ彼らに製造を任せてほしいだけだ」（『天下雑誌』７１７号）

２０２１年１月から3月にかけて、インテルがＣＰＵの製造をＴＳＭＣに委託するという噂が広まった。ＴＳＭＣのウェイＣＥＯが同年１月の決算説明会で年間の投資額を２８０億米ドルに引き上げると発表したことを受けて、証券アナリストたちは、ついにインテルがＴＳＭＣに先端ＣＰＵの製造を委託する時が来たと予想したからだ。しかし、２０２１年３月、インテルのＣＥＯに就任して間もないゲルシンガーは、市場の予想に反して「ＩＤＭ２・０戦略」を打ち出し、２００億米ドルを投じてアリゾナ州オコティージョに二つの先端ファブを建設すると発表した。市場には衝撃が走ったが、今後インテルはどこを目指しているのだろうか。

ファブ拡張に200億米ドル投資すると発表したインテルだったが、同社の中華圏におけるファウンドリー・アウトソーシング・テスト管理部門の責任者である台湾人の謝承儒は、「多くの人はゲルシンガーによる『2023年には大部分の製品を内製化する』という発言を拡大解釈している」と指摘したうえで、こう述べた。「人々は、わずか2年でインテルが大部分の製品を外注すると考えているのだろうか。『大部分』がインテルのウエハー生産量の5割以上を意味するなら、TSMCのキャパシティーで対応できる量ではない」(『天下雑誌』711号)

ここで忘れてはいけないのは、2021年にインテルが生産したハイエンドMPUは約70万枚ということだ。これはTSMCの生産能力200万枚の約3分の1だが、ハイエンドに絞ってみると、両社の年間生産能力はほぼ同等だ。したがって、2021年の時点でインテルがウエハー製造をすべて外部に委託すると仮定すると、TSMCは7㎚、5㎚、3㎚の生産能力を2、3倍に拡大しなければすべてを引き受けることはできず、それには2、3年かかる。これは、リウとウェイによる投資計画と合致している。企業間の競争を分析すると、「追い詰められてようやく腰を上げる」という状況に陥りがちだ。インテルの今後3年間の計画も同様であり、インテルが掲げる200億米ドルの投資が、TSMCの2021年から2023年の3年間に1000億ドル近い投資をするのに比べるとかすんでしまうのはいうまでもない。さらに、TSMCは先進の5㎚と3㎚の技術で大幅にリードしており、約2万人規模の経験豊富な技術者チームを有している。この二つの点でインテルは大きな後れをとっている。

インテルが直面しているもう一つの問題は、PC、スマホ、サーバーの3大分野で、各メーカーが独自にCPUを開発し始めていることだ。アップル、グーグル、アマゾンのほか、インテルと競合するAMDやアンペアなどの競合他社がTSMCの先端プロセスを用いて、インテル製品よりはるかに優れた新世代のCPUを先に発売している。例えば、AMDは、2019年から2021年にかけてPC用CPUの市場シェアでインテルを追い抜くことができた。AMDのシェアが50%を超えたのは初めてで、もちろん過去30年にわたる両社のCPU競争においても初の現象だった。

まさに「伝統的なIDM企業」対「TSMCグランドアライアンス」の構図になった。TSMCは、技術、生産能力、資金の面で世界のIDM企業を上回るため、IDMは次々と敗北している。2021年時点で、TSMCの競争相手はインテルとサムスン電子の2社だけだ。

インテルが内製にこだわる限り、市場シェアや売上高に大きなマイナスの影響が出るだろう。インテルが早期に決断すべきは、数十年にわたって競争力の核になってきたCPUに関して開発・設計に専念し、大規模なウエハー製造工場を閉鎖し、せいぜい小規模な量産試験用の工場を残すことだろう。TSMCのウェイCEOは、3年以内に10㎚以下の生産能力を5割拡大できるよう準備しておく必要がある。そうすれば、インテルがウエハー製造の一部を断念した場合、両社は素早く円滑に連携できる。その時が来たら、ウエハー製造を手がけるIDM企業はサムスン電子だけになる。

インテルのゲルシンガーCEOは就任以来、TSMCに対して奇妙な動きを繰り返してきた。2021年7月、彼は二つの行動を起こした。一つは、米国政府に対して外国メーカーが米国内でウエハー工場を設立する際、税制優遇措置を与えないように要望、もう一つは、アブダビの政府系ファンドが大株主であるファウンドリー世界4位の米グローバルファウンドリーズの買収を計画したことだ。

しかし、TSMCがアリゾナ州の12インチ5㎚プロセスのファブに投資したのは米国政府の主導によるもので、TSMCの意思によるものではないことを忘れてはならない。ゲルシンガーの要望は米国政府の顔に泥を塗っただけでなく、サムスン電子の対米巨額投資の計画も揺るがしかねない。つまり、ゲルシンガーの要望は少々安直といわざるを得ない。

また、インテルがグローバルファウンドリーズの買収に成功したとしても、同社はすでにウエハーの先端プロセスへの投資を断念し、再参入の計画もない。その技術と人材はすでに2軍レベルであり、技術が成熟した20～28㎚で戦うしかない。ここで留意したいのは、

ＴＳＭＣでは20～28㎚プロセスの製造装置は減価償却が相当進んでおり、製造コストの低さが同社の高粗利益率の一因となっていることだ。さらに、技術者チームの長年の経験から、28㎚プロセス用の設備を20㎚や15㎚レベルに改良することができる。ＴＳＭＣ以外のファウンドリー企業ではとても真似できないだろう。

つまり、ゲルシンガーがいろいろと画策しても、インテルはＴＳＭＣの競争優位を揺るがすことはできていない。これが6、7年前になら功を奏していたかもしれないが、今となっては遅きに失した感がある。

サムスンは強敵か否か

実はサムスン電子は、半導体戦略で最初から重大な過ちを犯している。それは同社がサプライチェーンの川上から川下まですべてに関与していることだ。つまり、ＩＣの設計（川上）から、チップの製造（川中）、自社ブランドのスマホの製造・販売（川下）まで手がけており、スマホのギャラクシー・シリーズは、iPhoneやファーウェイ、シャオミ、ＯＰＰＯなどと競合する国際ブランドだ。アップルや中国本土のスマホメーカーは、サムスンをライバルとしてどう見ているか。彼らは、自社の高機能スマホやiWatchやタブレットに使用するチップの製造を、サムスンのファウンドリーに委託したいと思うだろうか。サムスンが部門間でつながっているかどうかは誰にもわからない。アップルや他のブランドが独自に開発した画期的な新技術や機能が、サムスンのウエハー工場を通じて同社のスマホ開発部門に漏洩する可能性がないと言い切れるだろうか。

実は20年ほど前、これと同じことをエイサーとＡＳＵＳが経験している。当時、エイサーとＡＳＵＳは自社ブランドのＰＣを展開しつつ、同時にＩＢＭ、ＨＰ、デル、日立、東芝などの有名ブランド製品を設計・製造していたため、顧客とは競合関係でもあり協力関係でもあるという状況が生まれた。そのため、顧客から絶対的な信頼を得ることができず、最終的には受託・製造部門を分離・独立させた。エイサーではウィストロンが、ＡＳＵＳではペガトロンがスピンアウトし、受託製造に特化する体制をとった。

私が疑問に思うのは、過去にこのような具体事例があるのに、なぜサムスンの経営陣はそれを理解しようとせず、サプライチェーンの川上から川下までのすべてに携わり、顧客が不安を抱く状況をよしとしているのかだ。受託製造と自社ブランドが混在している状況を早急に解決すべきだと私は考える。

モリスはこのような見地から、ファウンドリー専業を貫いている。それは戦略上、実に先見性がある優れた判断だった。しかも、モリスは社内に、顧客の製品開発に関する機密情報を守るための盤石のシステムを確立している。例えば、アップルの案件は、TSMCの複数のチームが数十あるプロジェクトで研究開発・生産に当たっているが、厳密な機密保持システムがアップルに安心感を与えているという。要するにTSMCの各チームは、他のチームがどんなプロジェクトを進めているかを知らない。このような内部管理システムがあるからこそ、先進国の多くのハイテク企業や国防機関、航空・宇宙部門からチップの開発・製造を任されるようになった。

振り返ると、モリスは2009年から投資の拡大を決断し、3~5年かけて業界2位以下との差を広げてきた。そこから好循環が生まれ、ここまで述べてきた三つの優位性を維持できている限り、過去5年がそうであったように、今後10年も基本的には「無敵」であり続けるだろう。

しかし、サムスンによるメモリーの研究開発と製造への熱心な取り組みは無視できない。2019年8月、同社はニューヨークで開催された新製品発表会で、「Galaxy Note10シリーズ」向けのマイクロプロセッサー「Exynos 9825」を「世界初の7㎚EUVチップ」と主張した。のちに専門家は10㎚プロセスレベルだと結論づけたが、それでもサムスンの努力と実力は侮れない。

2021年第1四半期、サムスングループの半導体事業の利益は3年ぶりに減少し、前期比マイナス16％だった。同年２月にテキサス州が大雪に見舞われ、現地のファウンドリーが操業停止に追い込まれたため、ＣＰＵや通信用半導体の受託製造が赤字になったことが主な原因だ。

２０２１年、世界的な材料不足のあおりで、ＡＳＭＬのＥＵＶ生産にも影響が出ている。１００台の出荷計画（そのうち70％はＴＳＭＣからの受注）が２年以上遅れ、２０２２年の生産台数は最大50台に留まる見通しだ。その状況を見てサムスングループの李在鎔《イ・ジェヨン》会長はオランダに飛び、ＡＳＭＬのトップと会い、装置の納入について交渉した。しかし、残念ながらＥＵＶは計画生産であり、過去２年で業績が絶好調だったＴＳＭＣがすでに大量発注をかけて装置を押さえている。つまり、出荷されるＥＵＶの大半はＴＳＭＣに渡る。ＥＵＶ生産の遅れの影響を受けるのはサムスンだけでなく、設備や製造能力で後れをとるインテルも同様だ。ＥＵＶの納期に遅れが生じれば、その分の半導体製造をＴＳＭＣに委託せざるを得なくなり、ＴＳＭＣにとって有利な要素になるだろう。

では、サムスンがＴＳＭＣにウエハー製造を委託する可能性はあるのだろうか。どうやらその可能性は低そうだ。なぜなら、サムスンには世界シェア42％を誇るＤＲＡＭ事業部門があり、この市場をリードし、莫大な利益を上げているからだ。さらにはスマホ、サーバー、スマートロボット、自動運転車などの成長余地を考えると、メモリーＩＣの市場は今後も拡大する可能性がある。サムスンがプロセス技術や人材に投資を続ければ、短期的には、メモリーIC市場のシェアと技術力においてトップであり続けるだろう。しかし、DRAM市場の過去30年間の歴史を見てみると、米国、中国、日本、台湾に競合メーカーがあり寡占状態だ。3～5年に一度、供給不足が起き、各社が競って生産能力を拡大させると一転して供給過剰となり、価格が急落して大赤字になる。これが長年繰り返されてきた。

徳碁半導体〔エイサーとTIの合弁会社として設立された〕の創設者スタン・シーは、DRAM市場では1984年と1988年に2度の供給不足があり、1993年から1994年にかけて同社は大きな利益を上げたという。しかし、2000年に50億台湾ドルの損失を出し、会長を務めていたスタン・シーは赤字を食い止めるために様々な策を検討した。その一つがIBMとの提携で、ファウンドリー技術と設備の移転を試みたがうまくいかなかった。次の手としてスタン・シーは、モリスの了解を得てTSMCから30％の出資と企業変革の支援を受けた。その後、2人は偶然、香港で開催された「アジア企業リーダーズ・ミーティング」で顔を合わせ、朝食時に徳碁半導体のファウンドリーへの事業転換について話し合った。その際、モリスは同社の買収に興味を示し、最終的には、TSMCの最高財務責任者の張孝威が会社を代表して、エイサーグループの黄少華や彭錦彬と交渉し、合併について合意に達した。こうして徳碁半導体はDRAM市場から撤退した（参考資料＊中央研究院『施振榮先生口述歴史紀録（スタン・シーの口述歴史記録）』第2章）。なお、スタン・シーによると、徳碁半導体の売却の見返りに得たTSMC株の時価評価額を勘案すると、エイサーの投資リターンはマイナスにはならなかったそうだ。

DRAM価格は2008年にも下落し、供給過剰に直面した台湾の力晶半導体と南亜科技は数百億台湾ドル規模の大損失を出した。半導体業界や金融機関関係者、株主たちは「DRAM」と聞くだけで青ざめるほどだった。

現在、世界の半導体メモリー市場は5社による寡占状態になっている。数社だけの寡占市場は本来、企業間の巧妙な調整・交渉により市場メカニズムをコントロールしやすい。しかし、2007年にサムスン電子は、液晶パネル市場で日台韓の数社による価格カルテルの内情を米国司法省に自主的に申告し、合意の内幕を暴露した［サムスンだけ独禁法に基づく罰金を免除された］。それにより、サムスンは同業者から警戒されるようになり、この「密告者」と水面下で接触・交渉する企業はいなくなった。その結果、世界のDRAM市場は大儲けできる時もあれば大損する時もある浮き沈みが激しい市場になった。

では、半導体事業においてサムスンはどんな戦略を取るのだろうか。私は次のように見ている。サムスンのウエハー製造事業は、グループ内のDRAM技術と製造プロセスの研究開発への継続的な投資の恩恵を受け、TSMCのあとを追って5㎚、3㎚、2㎚プロセスを保持することができるだろう。しかし、サムスンのファウンドリー技術者チームはプロジェクトの受注数が限られているため、様々な難題をこなすことで技術力を上げてきたＴＳＭＣに劣る。またウエハー製造事業への投資額も十分とはいえないため、ＴＳＭＣに追いつくのは難しいだろう。過去５、６年を見ると、20㎚、７㎚の技術でＴＳＭＣに対して１・５〜２世代遅れており、その分をＤＲＡＭ部門の利益で穴埋めしている。つまり、ＤＲＡＭの価格が大幅に下落すれば、サムスンのファウンドリーは先端プロセスから撤退し、成熟プロセス市場に特化するか、あるいは巨額の投資をやめるかという難しい選択を迫られるだろう。

韓国の経済誌『ビジネス・コリア』（２０２１年６月22日号）は、サムスン電子がファウンドリー市場でトップになるには、「投資」「キーテクノロジー」「顧客の信頼」の三つの難題を解決する必要があると指摘している。同誌は、２０２１年第１四半期におけるサムスンのファウンドリー市場の世界シェアは１％減少の17％に留まり、ＴＳＭＣが１％増加の55％に達した理由として、「投資」「キーテクノロジー」「顧客の信頼」という競争の三つの重要要素においてＴＳＭＣに及ばなかったためと分析している。さらに、近年のＴＳＭＣの投資額はサムスンの３倍に達している。技術面でもＴＳＭＣは２０２０年に５㎚プロセスの量産を始め、３㎚プロセスも２０２２年に量産開始を予定し、２㎚プロセスも計画中と指摘した。サムスンの５㎚プロセスは２０２１年後半に量産開始が期待されたが、歩留まり率の低さから量産に成功したとはいえず、サムスンの5㎚プロセスを採用する顧客はＴＳＭＣよりもはるかに少ない。また、顧客の信頼を得るという点に関して、サムスンのファウンドリー事業が基本的な弱点を抱えていることにも触れている。つまり、自社でスマホの開発や設計、販売をしていることだ。同誌は、顧客が機密情報の漏洩を心配するのは自然なことと指摘し、これは私の分析と一致している。

対してＴＳＭＣはファウンドリー専業で、顧客のニーズに応えるために努力を続け、継続的な投資により、十分かつ柔軟な生産能力を維持している。今後、ＴＳＭＣは、電気自動車、スマートロボット、ＩoＴ、スマート家電、ＡＩやビッグデータを活用したアプリケーションなど世界的なトレンドに対応し、顧客からの信頼と協力を得てウィン・ウィンの状況をつくり出すことにより、今後20年から30年も高成長を続けることができるだろう。

4 TSMCとエヌビディア

世界の半導体産業において今、中華系で最も影響力を持つ人物は、もちろんモリスだ。では、2番目は誰か。その最有力候補は、米カリフォルニア州サンタクララでIC設計専門企業エヌビディアを共同創業したジェンスン・フアン社長兼CEOだろう。2人はそれぞれの専門分野で大きな成果を上げ、自社の時価総額をそれぞれ過去最高の5000億米ドルと4000億米ドルに押し上げた（2021年2月）。その業績は素晴らしいの一言だ。だが、2人が創業した当時は、両社がここまで巨大になるとは誰も予想していなかった。

モリスとフアンにはいくつかの共通点がある。第一に、中国語を話し中華文化の中で育ったこと、第二に、米国の名門校で学び英語の能力が高いこと、第三に、台湾の交通大学（現・陽明交通大学）から名誉博士号を授与されていることだ（2人は「名誉同窓生」ということになる）。

TSMCとエヌビディアが半導体産業で一躍脚光を浴びたのは1998年に遡る。この年、エヌビディアは革新的なGPUチップを発表した。優れた設計と数々の新機能を備えたこのグラフィックチップは、オンラインゲームの台頭とも相まって、わずか1年余りで売上高が倍増し、米国のIC設計業界に衝撃を与えた。当時、フアンはこの革新的なチップの生産をTSMCに委託したが、うまくいくかどうかは未知数だったという。同チップに採用された0・35㎛プロセスは当時の最新技術であり、エヌビディアから打診があった頃、ちょうど量産段階に入ったところで、成功すれば有名顧客がこの技術を求めて殺到すると予想された。

したがって、ＴＳＭＣがエヌビディアからの受注で歩留まり目標を達成できるかどうかが、両社にとって将来に関わる大きな岐路だった。

ＧＰＵは、当時のＰＣや周辺機器に使われていたチップとは異なり、画像処理システムの中核を担うものであり、ＴＳＭＣが過去数十年にわたって製造してきたロジックチップに比べるとレイアウトも精度も数倍難しいものだった。だが、ＴＳＭＣはこのＧＰＵの歩留まり目標をクリアし、ＩＢＭやインテル、ＴＩなどの半導体大手企業に衝撃を与えた。これをきっかけに、ファウンドリー技術は新時代に突入した。このＧＰＵを成功させるため、ＴＳＭＣは大規模なチームを組んで大きな生産能力を割り当て、24時間体制で対応した。そのおかげでエヌビディアはグラフィックチップ分野で新たな地位を確立できた。

２０１５年、エヌビディアはＡＩの演算処理を高速化できる半導体チップ（ＡＩチップ）を発表し、半導体産業を震撼させた。もはやエヌビディアがリードするのはグラフィックチップ分野だけではない。新世代のＡＩチップは、電気自動車や自動運転車のほか、スマートフォンや自動化された化学工場など多くの分野での活用が想定され、これから進むバーチャル化、無人化、自動化、スマート化を高レベルで実現することを可能にする。

エヌビディアも創業初期には苦しい時代があった。１９９７～２００３年までＴＳＭＣで最高財務責任者を務めた張孝威は、自身の回顧録『縦有風雨更有晴（成功は台風一過の晴天のごとし)』(天下文化出版)の中で、こんなエピソードを紹介している。エヌビディアに対して数百万米ドルの売掛金が未回収だったが、TSMCの営業部門はエヌビディアの成長性を見込んで製造の受注を続けていた。張孝威は、財務の観点から慎重に評価すべきだと感じ、米国出張の際にシリコンバレーのエヌビディアを訪問した。張はファンにこう説明した。「支払い期限の延長はいいとしても、我々は与信総額の上限を設定すべきだろう」。すると、ファンはこう答えた。「将来、我々はあなたたちの最大の顧客になります。ですから、そんな扱いをしないでほしい」

張はファンの返事を聞いて感銘を受けた。「まだ30代なのに言葉は自信に満ちあふれている」。張はその場で別の解決策を提案すると約束した。その後、ファンの大胆な予言は見事に実現していった。世界中でオンラインゲーム市場が急成長するとともにエヌビディアのグラフィックチップの販売量も急拡大し、唯一無二の存在になった。エヌビディアの歴史的な成功は、TSMCの経営陣や技術者たちに感銘を与えた。2020年にはTSMCの大口顧客のトップ5に入り、時価総額でも業界トップ3に入るなど、半導体業界のスーパースターの仲間入りをした。

2020年にファンは、エヌビディアはもはやグラフィックチップの専門企業ではないと述べた。実際、同社は2015年にAIチップを開発して以来、モバイルやコンピューター向けに様々なＧＰＵやＣＰＵなどを世に送り出してきた。２０２１年4月、エヌビディアは自社を「ＡＩコンピューティングのプラットフォーマー」と位置付けた。ファンは次のように指摘する。自動運転の領域では、１台の車には何千個のチップが使われ、中でもエンジンやミッション、ブレーキ、衝突防止機能などの先進運転支援システムを制御するために数百のＥＣＵ（電子制御ユニット）の搭載が必要だ。自動車業界にとっての課題は、多数のチップが必要である一方でサプライチェーンが非常に複雑なことだ。チップの調達が1種類でも欠ければ、自動車の生産ができなくなる。

だからこそファンはエヌビディアの方向性をはっきりと定めることができた。同社のOrinプラットフォームは、少なくとも四つのＥＣＵチップを統合し、ソフトウエア・デファインドのアーキテクチャーとＡＩ技術を用いることで、顧客に対し新しいチップの導入を支援するというものだ。このＡＩプラットフォームの活用により、自動車のコンピューティング能力は飛躍的に向上する。

つまり１＋１が2以上になるということだ。エヌビディアの自動車、スマートフォン、コンピューター向けＧＰＵや統合チップの性能が爆発的に向上していくだろう。その前提において、長年にわたる両社の協力関係、そしてモリスとファンのつながりを考慮すると、ＴＳＭＣとエヌビディアは未来の自動車産業という高度に複雑化する統合チップの領域で、大きな成長を遂げる可能性を秘めている。

自動車向けハイエンドチップ市場で、ＴＳＭＣは２０２５年までに少なくとも３０００億～５０００億台湾ドルを売り上げるだろう。２０２３年には同社最大の収益源になると見られ、自動車向けハイエンドチップだけで売上高１兆台湾ドル超えも夢ではない。まさに「魚は水を助け、水は魚を助ける（互いに助け合い、ともに利益を得ること）」の言葉通りで、２０２１年の株式市場で両社は世界中の投資会社や個人投資家から評価され、時価総額はそれぞれ５０００億米ドルを超えたが、当然の結果といえるだろう。

２０１７年、交通大学がフアンに名誉博士号を授与した際、モリスも式典に招待された（モリスはその何年か前に同大学から名誉博士号を授与されている）。２人は互いに冗談を言い合い、その際にモリスは「米国出張の際にエヌビディアに電話をしたことがある。私が『ＣＥＯはいるか』と尋ねると、騒がしいオフィスの中でフアンが電話に出た。フアンは同僚に『静かに！　電話の相手はＴＳＭＣのモリスだ！』と怒鳴っていたよ」と話した。それを受け、フアンは壇上での挨拶の際に「なぜ電話だったのだろう？　彼は電子メールを知らないのか？」と返し、会場は爆笑に包まれた。半導体業界のこの大物二人は本当にユニークだ。

エヌビディアは２０１５年以来、ビッグデータとＡＩを活用するためのチップの開発を進めている。電気自動車やスマートロボット、高度なＳＬＩＤ（認識チップ）などの主要分野では、ＴＳＭＣの５㎚と３㎚プロセス技術と組み合わせることで、製品の市場投入スピードは加速する。今後10〜15年で起きるＡＩチップの需要急増により、エヌビディアはＴＳＭＣの顧客リストで間違いなく上位にランクされ、エヌビディアに割かれる先端プロセスの生産能力の比率も高くなる。おそらく３年後には、エヌビディアの時価総額はＴＳＭＣを超え、ＴＳＭＣの最大顧客の一つになるだろう［実際、２０２２年にＴＳＭＣを追い越した］。

15年前に話を戻そう。２００６年10月24日、ＴＳＭＣは珍しくプレスリリースを出した。そのタイトルは「エヌビディアとＴＳＭＣ、ＧＰＵ出荷量が５億個突破というマイルストーンを達成」というものだった。両社の協力関係は８年に及び、エヌビディアはＴＳＭＣに５億個のＧＰＵとＭＣＰ（Media and Communications Processor）の製造を委託した（GeForce GPUやnForce MCPなどが含まれる）。これは８インチウエハーで２６０万枚分に相当する。この年、ＴＳＭＣのプロセス技術は65㎚に到達していた。

エヌビディアのファンは、こう述べている。「設立当初、私たちのビジョンは、最先端のグラフィックチップを通じて、消費者に新しいコンピューティング体験を提供することだった。ＴＳＭＣが我々のニーズにタイムリーに応え、最先端の製造プロセスを開発・提供してくれたおかげで、エヌビディアは最先端の技術開発と市場拡大に集中できた。我々のビジョンの実現にＴＳＭＣは非常に重要な役割を果たした」。また、ファンは感情を込めてさらにこう語った。「10年前に初めてモリス会長に会った時、彼は私に、TSMCは誠実さを大切にし、顧客サービスを中心に据えている企業であると教えてくれた。TSMCの従業員には、顧客のためならどんな困難にも立ち向かい、使命を遂行する覚悟があるとおっしゃった。モリス会長のその言葉は、真実だったと実感している」とも述べた。ファンの発言はモリスが苦心して築き上げたTSMCの企業文化への心からの評価であり、その企業文化は見せかけではなく、社内に深く浸透していることを世間に知らしめた（TSMCの企業文化については、第4章2を参照）。

ファンは間違いなく、モリスに続いてハイテク界で最も高く評価される中華系のスーパースターになるだろう。

5 ハイテク界の巨匠が語るモリス・チャンとTSMC

TSMC取締役会の運営方法

エイサーグループの創業者であるスタン・シーは、台湾の産業界、政府、アカデミアなど各界が認める傑出したリーダーであり、ハイテク産業の生き字引でもある。台湾のビジネス誌『天下雑誌』は90年代から毎年、産官学の代表者を招き、「台湾で最も尊敬される企業人」を選出しており、スタン・シーは常にトップ3に入っている。2000年前後、エイサーブランドは世界で知れ渡り、PC市場のシェアが世界第2位になると、スタン・シーは「台湾で最も尊敬される企業人」の第1位に何度も輝いた。一方、モリスは、TSMCが躍進した2000年以降に、国内外でその名を知られるようになった。「英雄、英雄を知る」とはよく言ったものだが、2000年にモリスはスタンをTSMCの独立取締役（2008年以前の呼称は「外部取締役」）に招聘した。スタンはその後も複数回にわたって再任され、結局、独立取締役を計21年間務めた後、2021年7月に退任した。これは台湾国内の大企業において、大株主以外の独立取締役の在任期間で最長記録となった。

台湾の金融監督管理委員会［日本の金融庁に相当］は独立取締役の任期を原則2期（1期は3年）とすることを奨励している。なぜモリスは、ひとりの人物にここまで長く独立取締役を任せたのか。私が思うに、それはスタン・シーの人を魅了するカリスマ性ではないだろうか。「台湾で最も尊敬される企業人」の第1位に選ばれるには、国際的に人気のある大企業のリーダーであることに加えて、その人の誠実さ、ビジョン、度量の大きさも重要な基準だ。この点で、明らかにスタンは、モリスと肩を並べる人物だ。

モリスにとってTSMCは台湾流にローカライズされた国際企業だ。モリスは欧米式のマネジメントや経営システムには精通しているが、台湾式の手法が求められることも少なくない。例えば、内部的には給与や福利厚生、株式配当、内部統制、財務制度、経営者の継承など、対外的には海外工場の知的財産権保護や政府への政策協力などが挙げられる。国内のハイテク産業、環境、政策において長年の経験を持ち、独立取締役の立場から指導やアドバイスをしてくれるシニアリーダーの存在は願ってもないことだ。エイサーグループを長年率い、台北市コンピューター協会の理事長を務めたスタン・シーは、TSMCの独立取締役としてまさに最適な人材だった。

TSMCの取締役会の運営や独立取締役の役割について読者の理解を深めてもらうため、私はスタン・シーにインタビューし、TSMCで21年間務めた独立取締役の経験やエピソードを語ってもらった。

Q「モリス・チャンとどのように出会ったのか？」

——モリスと出会ったのは、彼が工研院院長に就任するため台湾に戻った頃だった。エイサーは工研院と多くの研究プロジェクトで連携しており、大規模な技術カンファレンスでも会う機会があった。彼は私より年上で、台湾に戻る前からとても有名だった。私はモリスを非常に尊敬していたので、私が台湾のコンピューター業界に身を置き、積んできた多くの経験をモリスと共有することをうれしく思っていた。その後、モリスは私を取締役として工研院に招いてくれ、それ以来、院長兼董事長だったモリスとの交流も増えた。

1989年に私は、「科学技術の島の運営コンセプト」と題する論文を発表し、その中で工研院の開発技術の多くを海外に移転し、技術交流と友好関係を築くべきだと提案した。せっかく開発した技術を眠らさずに活用するべきと主張したのだ。技術移転先のパートナーとして、長期的な協力関係を築けば、相手が競合とならないばかりか良きパートナーになる。私は例として、エイサーグループとTIの提携やIBMと日本企業の提携を例に挙げた。その後、AUO［友達光電。もともとエイサーの子会社だった］は日本のDTI（IBMと東芝の合弁会社）からパネル技術を、エイサーは日本TIからDRAM製造技術を譲り受け、非常に成功した。

技術は誰も持っていない唯一無二なものであってこそ価値があるもので、他社が同様の技術を持っていると価値が下がる。工研院の取締役会でこのテーマが議論された時、私は「科技島コンセプト」を提案した。取締役の中には賛成しない者もいたが、TIというグローバル企業出身のモリスは、私の考えに興味を示してくれた。

モリスが院長を務めていた頃、二つの路線変更があったことをよく覚えている。一つ目は、研究開発の方向性を変えた。彼はすべての研究部門に対して、現段階で使える技術ではなく、3～5年先を見据えて業界をリードするような研究を求めた。二つ目は、工研院の収入の大半を政府予算に頼るのではなく、少なくとも半分を産業界からの委託研究で賄うようにしたことだ。

一時期、工研院は短期的な利益を追求していた。例えば、90年代初め、工研院はエイサーにいくつかの商社と共同でノートPCの共同開発プロジェクトを立ち上げるよう要請してきた。だが、その商社には研究開発能力もブランド力もなかった。つまり、我々が参加すれば、商社が製品を宣伝する時のお墨付きになると考えたようだ。目先の成果を追求するこうしたプロジェクトに賛同できず、依頼を断った。だからこそ、モリスが路線変更を表明した際、私は彼を支持した。

TSMCの設立当初、モリスはTIで人事責任者を務めていた中華系の人材を人事部門の責任者に任命した。モリスは私が台湾の組織、人事、企業文化に詳しいとわかっていたため、技術者の報酬制度などについて私に相談するよう責任者に指示をした。私はエイサーで長年培った経験、例えば、従業員の持ち株制度や利益分配の話を彼と共有し、その後、ＴＳＭＣは従業員に利益分配する仕組みを導入した。

Q2 「ＴＳＭＣの独立取締役としての21年間について聞かせてほしい」

――ＴＳＭＣ設立はパラダイムシフトだった。ファウンドリーモデルは１９８７年にＴＳＭＣが始めたものだ。当初の技術は三流だったが、二流に進歩し、今では一流となり、ファウンドリー技術のリーダーとなった。

ＰＣの製造受託は、１９８３年末にエイサーが始めた。それ以前はＰＣ産業に製造委託の概念は存在しなかった。エイサーはまず、米ＮＣＲの子会社ＡＤＤＳからＯＤＭ（相手先ブランドでの設計・製造）を受注したほか、明碁電脳（BenQ）を設立して米ＩＴＴから製造を受注するなど、ＰＣ業界に新しいビジネスモデルを生み出した。

取締役会の構成

――ＴＳＭＣの取締役会は台湾でも最も高い独立性と透明性、公正さを誇る。９人の取締役のうち独立取締役が５人と最も多く、残りの４人はリウ会長、ウェイＣＥＯ、曽繁城、国家発展委員会〔経済政策の司令塔の役割を担う行政機関〕代表の龔明鑫《きょう・めいきん》だ。

モリスが選ぶ独立取締役はそれぞれの分野で優れた能力と専門性を持ち、モリスがよく知る人物だ。独立取締役は意見や提案をするが、戦略の方向性や事業には口を挟まない。モリスは独立取締役たちに、職務の境界線を守り経営には干渉しないよう通達している。当初、「独立取締役」という名称は使わず、証券管理委員会（現・金融監督管理委員会）は「外部取締役」と呼んでいた。ＴＳＭＣの独立取締役は、私以外は全員外国人だった（のちに陳国慈と海英俊が加わった）。私は台湾ハイテク企業の経営をよく知っており、報酬制度などに関しての実務経験も豊富なので、ＴＳＭＣの報酬委員会の議長にも指名された。

モリスからＴＳＭＣの独立取締役就任を打診され喜んで引き受けたのは２０００年のことだったが、その数年後には米国のアプライド・マテリアルズからも独立取締役にならないかと誘われた。私はモリスの承認を得たうえで引き受け、そこで米上場企業の取締役会の実務を学び、監査委員会や報酬委員会の運営についても理解を深めた。

私はTSMCの独立取締役を21年間務めた。他の独立取締役の大部分は国外でも名の知れた産業界や学界のエリートだが、そのほとんどは短期間で交代した。その中には、ブリティッシュ・テレコム元社長のピーター・ボンフィールド、世界的な経営学者のマイケル・ポーター、MITのレスター・C・サロー教授、TI元社長兼CEOのトーマス・J・エンジバス、HP元CEOのカーリー・フィオリーナ、フィリップス元CFOのJ・C・ロベッツゾー（取締役会顧問）、アプライド・マテリアルズ元CEOのマイケル・スプリンター、ザイリンクス元CEOのモーシェ・ガブリエロフらがいた。

【著者注】現在のTSMCの独立取締役は次の6人（任期は2021～2024年）。ピーター・ボンフィールド（ブリティッシュ・テレコム元社長）、ラファエル・ライフ（MIT学長）、陳国慈（ナショナル・パフォーミングアーツ・センター元会長）、マイケル・スプリンター（アプライド・マテリアルズ元CEO）、モーシェ・ガブリエロフ（ザイリンクス元CEO）、海英俊（デルタ電子会長）。

取締役会の運営とその事例

――取締役は独立した個人であり、ＴＳＭＣの取締役会では、独立取締役が会社に対する意見を直接述べる。たとえ経営や戦略の方針と異なる点があっても、独立取締役は率直に発言する。私の在籍期間中、最も多く議題に上がったのは、会長とＣＥＯの後継者問題だった。私も取締役会の中で、モリスに対して後継者決定のプロセスの確立と人選をできるだけ早くするよう何度か念を押した。

経営陣の提案に対し、独立取締役から多くの意見が出た場合、モリスは提案を取り下げて社内で練り直し、具体的で実行可能なアイデアにしてから、再度、取締役会に提案する。それほどモリスは、独立取締役の意見を重視し、耳を傾けていた。

独立取締役の業務を執行する過程で、監査委員会や報酬委員会に諮るケースもある。例えば、内部統制の場合、最も頻繁に議論されたのは、情報セキュリティーや企業秘密、知的財産権をどのように守るかだった。もし従業員が機密情報を社外に持ち出したら、独立取締役は経営陣の素早い意思決定と行動を支持し、警察との緊密な連携や、即時解雇なども必要に応じてサポートする。セクシャルハラスメントがあれば、社内に調査チームを立ち上げ、法的にセクハラに該当するかどうかを精査し、セクハラに該当すれば早急に対処する。また、社内から最も多く寄せられる苦情は人事評価に関するものだ。報酬委員会や監査委員会での議論は、より公正な組織制度を構築するのに役立った。

会社の組織運営に対しては、従業員一人ひとり異なる見解があるだろう。紛争当事者は、異なる視点や意見を持っている可能性がある。それを解決するのは簡単ではないが、その問題を放置しておくことはできない。幸いなことに、TSMCの独立取締役はそれぞれの国や組織、企業で豊富な実務経験を持っており、問題を解決する力がある。

情報セキュリティーに関しては、エイサーのグループ企業で運用していたSOC（セキュリティー・オペレーション・センター）システムをTSMCにも導入した。このシステムでは、従業員が勤務中に機密情報を閲覧したり、ダウンロードしたり、コピーしたりする必要がある場合、その行動がすべて記録される。また、TSMCは海外工場におけるデータを外部に出さない対策や、国境を越えた知財保護や管理などを非常に重視している。

【著者注】以前、TSMCのベテラン従業員が中国の中芯国際集成電路製造（SMIC）に転職した際にTSMCの技術データを持ち出したことがあった。TSMCは中国、米国、台湾で裁判を起こした。中国には自国企業を擁護する傾向があるが、提訴する側に明確な証拠があれば、裁判所もそれを完全

——に無視することはできない。

大型投資案件における独立取締役の役割

——私の記憶では、2009年にTSMCが投資拡大を決定した際、取締役会で大きな反対はなかったが、モリスには大きな投資なので注意するようにと助言し、需要の下振れリスクに念を押した。もちろん取締役会では幅広い議論があり、最終的にはモリスの決断を全面的に支持するというコンセンサスが得られた。

これはTSMC取締役会の重要な原則なのだが、重要な投資プロジェクトや制度改革、人事案件はすべて取締役会で助言を受ける。モリスが独立取締役に求めたのは、個人の経験に基づいて多くの意見を出し、取締役会で徹底的に議論することだ。取締役会の承認後、実行の責任はすべて経営陣が負う。長年にわたって、取締役会の議決プロセスは、非常に透明かつ公正なものになっている。

独立取締役が制度化促進に貢献

——私がＴＳＭＣの独立取締役を務めた21年間で最も力を注いだのは、「社内制度づくり」「経営者の後継問題」「報酬制度のバランスと運営」という三つの領域だ。モリスは独立取締役によって独立して運営される監査委員会のゲートキーパーとしての機能に大きな信頼を置いていた。例えば、内部統制、財務監査、従業員からの苦情の対応、情報セキュリティーなどに関して、各部門から提出された報告や提案に基づき、監査委員会で協議し提言する。それを参考に、モリスは各部門に具体性のある改善を求めた。率直に言って、メガ・カンパニーを適切に経営するのは容易ではない。だからこそ、経営陣は独立取締役による内部監査や内部統制に関する様々な制度設計や業務の監督を大いに尊重し、独立取締役がその役割を十分に発揮できるようにしている。

この規模の企業において、制度やシステムを完璧なものにするのは難しいが、ＴＳＭＣはモリスのリーダーシップのもとで完璧さを求めて努力している。ここで大切なのは、ＴＳＭＣでは取締役会にも社内にも派閥がなく、何事にも全員が完璧さを追求して、真剣に取り組んでいることだ。こうして年月を重ねるごとに、多くの制度が整備され、管理職や従業員たちは完璧さと効率性を追求しながら、あらゆる制度の改善や新制度の設計に目を向けるようになる。その結果、組織の運営は自然と実用的で現実的、そしてプロフェッショナルで効率的なものになり、完璧なものが生まれていく。

経営者なら、重要な意思決定を下す際に、リスクや鍵となる要素を広く収集し、リスクへの対応策や戦略を用意し、目標にコミットするため勇気をもって前に進まなければならない。モリスはまさにそういうリーダーだ。リーダーシップのスタイルという点で、モリスと私はまったく違う。モリスは、会社の制度づくりを追求し、人材の育成と「誠実さ」を第一とする企業文化の醸成に重点を置いている。2人に共通しているのは、企業の制度や企業文化の精神は創業者やリーダーが去ったからといって簡単に変わるものではなく、一貫した価値観が必要という考え方だ。私が長年にわたって国内外の企業のコーポレートガバナンスを観察してきた経験から言うと、ＴＳＭＣのコーポレートガバナンスは、世界のグローバル企業よりもはるかに優れている。

バランスの取れた報酬制度

——私が報酬委員会の委員長を務めていた２００６年頃、大きな変化があった。ＴＳＭＣは海外投資家からの圧力と政府の規制を受け、従業員への株式割り当てについての費用計上のほか、配当所得や株式賞与などにかかる所得税についても、額面価格（10台湾ドル）ではなく、時価で評価し課税するように求められ、制度を変えることになった。この二つの制度変更は、従業員の権利と福利厚生に大きな影響を与えた。株式賞与を現金に置き換えることが決定され、当初、賞与の収入が実質的に半分になったためだ。新しい賞与は「業績賞与」と呼ばれ、税引き後利益の15％を原資に従業員に支給することが報酬委員会によって提案され、株主総会で決議されたと記憶している。

その後、業績賞与は四半期ごとに支給されるようになり、賞与の半分は翌月に現金で支給され、残りの半分は翌年の株主総会での承認後に支給されるようになった。このような形にした理由は二つある。一つは人材の維持だ。業績賞与の半分が支給されるのは翌年の半ば以降なので、それまでの間は退職して権利を手放す可能性が低くなる。もう一つは、株主総会と財務諸表上の取り扱いを尊重するためだ。

株式賞与制度は（台湾では）ＵＭＣが最初に実施し、従業員株式購入制度（額面価格での購入）はエイサーが最初に推進した。当初、ＴＳＭＣの従業員は年に2回、株式を入手する機会があった。まず、当年の余剰金の8・5％を増資し、その増資した株式を従業員に株式賞与として支給した。もう一つは従業員持ち株制度で、従業員の勤続年数や地位に応じて株式数が決定され、1株当たり10台湾ドルが購入価格の基準として用いられた。

長年実施してきた株式賞与制度に比べると、新しい賞与制度では、従業員の収入が明らかに半減した。そこで我々独立取締役も全員、報酬を半減させることを提案した。ＴＳＭＣの独立取締役の報酬は固定給で、海外から招聘された独立取締役の報酬は国内の独立取締役よりも高い。なぜなら、取締役会や株主総会、報酬委員会、監査委員会に参加するのに要する時間が、飛行機による移動時間や時差調整を勘案すると、国内の独立取締役よりも長いからだ。したがって、独立取締役の報酬は一律ではないが、これは金融監督管理委員会の規定に違反するものではなく、財務諸表の費用に計上されている限り合法的かつ合理的なものだ。

株式賞与制度の変革は、バランスを追求したものだった。米国と同様の制度であり、政府の要請にも応えたものだ。企業は株主の権利と従業員の権利の公平性を追求するだけでなく、従業員同士や産業間、そして企業間においても、バランスを取ることが重要だ。

事業継承と後継者

――ＴＳＭＣの次の経営者を誰にするのか。取締役会の独立取締役たちが最も関心を持ち、最も頻繁に議論したテーマがこれだった。２００６年、新ＣＥＯにリック・ツァイ（蔡力行）

が就任し、移行が完了したが、いくつかの出来事を経て、２００９年にモリスが再びＣＥＯとして戻ってきた。経営者の交代は会社の持続可能な経営に関わる重要問題であることから、トップが交代して一定期間を過ぎれば私たちは取締役会で後継者問題を議論することになる。一般的な民間大企業では、経営者（董事長）が創業者であり、80歳や90歳という高齢であっても、あえて取締役会でこの問題を提議する人はいない（台湾プラスチックグループの創業者である王永慶は91歳で亡くなるまで実質的に組織を率いた）。モリスは長い時間をかけて検討・分析したうえで、共同代表制度を取締役会に提案した。取締役会の決議を経て、会長にはリウ、ＣＥＯにはウェイが就任することになった。この制度で特徴的なのは、２人の報酬（給与＋配当金＋ボーナス）は完全に同じであるところだ。

Q3 「徳碁半導体がＴＳＭＣに買収された経緯は？」

――私たちが日本ＴＩからの技術を移転して徳碁半導体（ＴＩエイサー）を設立する前、サムスン電子を率いていた李健熙《イ・ゴンヒ》が、私と史欽泰、そしてモリスの3人をサムスンの最新工場の見学に招待してくれたことがあった。彼の目的は、サムスンが大規模投資によって高度な技術を開発し、すでに先に行っていることを見せることで、我々にＤＲＡＭへの投資を思いとどまらせることだった。しかし、私はＰＣ産業の規模を考えれば、毎年大量のメモリーが必要であり、台湾は独自にＤＲＡＭの製造能力を持つべきだと考えた。そこで１９８９年、私はＴＩとの合弁会社、徳碁半導体を設立することにした。その際、モリスは私に同行し、技術移転の価格交渉を手伝ってくれた。当時ＴＩは、日本の茨城県美浦村に工場を持っており、技術移転の準備のため、我々は数百人を派遣した。１９９０年、徳碁半導体の工場が正式に稼働した。当時、ウエハー製造プロセスは国内最先端であり、最高の品質と最大の生産能力を誇っていた。その結果、１９９３年から１９９４年にかけて大きな利益を上げた。

しかし、半導体のプロセス技術で優位性を保つには、研究開発と人材に巨額の投資を続けなければならない。ＴＩの研究開発部門は米テキサス州ダラスにあり、最先端工場は台湾にあったため、技術開発で徐々に後れを取り、次第に競争力を失っていった。そして、ＴＩはメモリー事業からの撤退を決め、ＴＩが保有していた合弁会社の株はエイサーが引き継いだ。その後、既存の設計技術を生かしてメモリーを生産する一方で、ＩＢＭから技術ライセンスの供与を受け、設備の稼働率を維持するためファウンドリー事業に参入した。徳碁半導体は純粋なファウンドリーやＩＤＭとは異なる第三のビジネスモデル「会員制ファウンドリー」に転換しようとした。

戦略としては、親会社エイサーが自社のＰＣに組み込む半導体の製造を米ＩＤＴやナショナルセミコンダクターから受託することを目指したが、うまくいかなかった。１９９９年、ＴＳＭＣが徳碁半導体に資本参加し、ファウンドリーへの事業転換を支援することになった。その過程において、１年で50億台湾ドルの大損失を出した。これは大変憂慮すべき出来事で、私は頻繁に徳碁半導体に出向いて対策を協議した。その後、ファウンドリーに対する需要が高まり、ＴＳＭＣの生産能力が追いつかなくなっていた。さらに、ＵＭＣが傘下のグループ企業4社を吸収合併した影響もあり、ＴＳＭＣはＭ＆Ａによる生産能力の拡充を決定し、まず徳碁半導体、続いて世大積体電路を買収してＵＭＣを突き放していった。

【著者注】台湾では、力晶半導体、南亜科技、ウィンボンドなど各社がＤＲＡＭ産業に参入していたが、いずれも巨額の損失を被った。その金額は数百億台湾ドルを下らない。徳碁半導体はＴＳＭＣに株式交換で買収されたことから、エイサー側は損をすることなくＤＲＡＭ事業から撤退することができた。

だが、業界関係者の中には「ＴＳＭＣが買収した2社のうち、もともとファウンドリー事業を展開していた世大積体電路は買収に適していたが、ＤＲＡＭ製造が主力だった徳碁半導体の買収は少し無理があったのではないか」という意見もあった。スタン・シーは、確かに生産方式は異なるが、徳碁半導体には一定規模の人材、工場、設備などが揃っており、少し調整すれば戦力になるというのも事実だと主張する。実際のところ、買収直後は難しいにしても、人材の80％はすぐに活用でき、あとは時間をかけてＴＳＭＣの企業文化に慣れてもらえばいい。工場などの設備も調整すれば早期に活用が可能であり、この買収はステークホルダーに対して説明責任を十分果たすことができる、とモリスは考えていた。

第6章

今後10年を展望する

Ⅰ TSMCの海外工場の競争力

まずは米国から見ていこう。1970年代から金融、ソフトウエア、インターネットが台頭し、若者に人気の高収入の職業の中に、医師や弁護士に加えてハイテク産業で働くことも入るようになった。それに伴い、シリコンバレー、シアトル、ボストンの新興テクノロジー集積地域に優秀なエンジニアが集まるようになり、従来の工場に残りたいと考える技術者が少なくなった。ドイツでは工員から技術者まで職位に関係なく川上から川下まで総合的な教育プログラムが用意されているが、米国では体系的な教育を受けられるのはエンジニアのみで、生産ラインの労働者の教育は重視されていないため、労働の質にばらつきがある。加えて、米国では個人の自由やプライベートを大切にする傾向があり、労働者の権利を守る労働組合の力が非常に強く、それがしばしば問題になる。休日出勤や夜勤、平日の時間外労働の実施が難しく、これが製造業にとって非常に不利に働いている。そのため1970年代以降、米国では、繊維、鉄鋼、自動車、家電・日用品製造など、献身的で勤勉、忍耐強さを必要とする労働集約的な産業は地盤沈下が進み、工場は日本や韓国、台湾、シンガポールに移転していった。１９９５年以降、米国を始めとする主要経済大国は、中国にＷＴＯ（世界貿易機関）加盟と同等の優遇措置を認めたことで、中国はコストがかからない土地と安くて豊富な労働力を武器に、日本、台湾、韓国などから工場を誘致し、現代的な生産技術と工場管理を学んだ。製造業の拠点は次第に中国に移っていき、その後30年で中国は世界最大の生産拠点に成長した。

私は１９８６年、同業のジャーナリストたちとともに渡米し、当時、模範的なハイテク企業といわれていたＨＰの工場を見学したことがある。生産ラインの自由で和やかな雰囲気に驚くとともに、台湾のコンピューター工場や電子機器の工場がどうやったら彼らに勝てるのだろうかと考えた。だが案の定というか、結果として、米国のハイテク産業は、ＰＣ、ノートＰＣ、マウス、キーボード、モニター、サーバーなど、数百種類の製品の製造を、徐々に台湾企業への生産委託に切り替えていった（これらの台湾企業は２０００年以降、生産拠点を中国本土に移転している）。これは何を意味するのか。インテルのような唯一残っている垂直統合型のメーカーの生産工場は遅かれ早かれ、生産効率とコスト面で競争力を失い、経験豊かなエンジニアやオペレーターが大量に不足し、いずれ生産を国外に移さなければならなくなることを示唆している。その時、最先端ＣＰＵの生産委託先として最適な企業といえば、もちろんＴＳＭＣである。

　では、インテルの工場のすぐそばに建設中のＴＳＭＣのアリゾナ工場に、そうした問題が起きる心配はないのだろうか。実は、ＴＳＭＣも同じ問題に直面する可能性が高い。ちなみに１９９６年、ＴＳＭＣはワシントン州に8インチウエハー工場を建設したが、従業員の残業拒否に遭ったり3交代制の導入に強く抵抗されたりして、労働問題は今に至っても深刻化するばかりだ。アリゾナ工場は米国政府の求めに応じて進出を決めたもので、２０２１年に5㎚プロセス工場が着工し、２０２４年末の稼働を予定している［稼働が25年にずれ込むことが、２０２３年7月に発表された］。経営陣は、経験豊富な台湾の技術者人材のプールを活用することなどを前提に、問題解決の方策を考えているだろう。私の予想では、ＴＳＭＣの米国工場の運営は将来、「完全自動化」「国境を越えた遠隔監視センターの設置」「台湾からベテラン技術者数百人を3年ごとに交代で派遣」の三つに向けて動いていく。

　このような運営モデルは、ＴＳＭＣが建設している日本の熊本工場やドイツ工場でも採用されると予想される。現地で積極的に技術者の育成を図ると同時に、台湾から送り込んだベテラン技術者が指導とバックアップの二役を担い、グローバルでの工場マネジメントの手法を徐々に確立していくことになるだろう。

中国工場の運営――人材は諸刃の剣

２００９年に中国の南京と松江に設立した工場は、米国工場とは異なり、当時最先端だった16㎚プロセスで生産能力は2万～5万枚の最新鋭ファブだった。技術的には新竹のファブ12と同レベルにする計画だったが、建設から正式稼働までに3、4年かかった。その間に技術進歩があったことから、中国工場の技術レベルは、稼働時にはすでに新竹や台中・中部のサイエンスパークの工場に、ナノ技術で1、2世代の後れをとっていた。

米中間の対立の中で、ＴＳＭＣの中国工場が注目を浴びるのは間違いない。特にここ数年、米国は中国向けの先端技術の輸出禁止措置を強化しており、数十社の中国企業が深刻な打撃を受けていて、中国政府は打開策を模索している。その一つは先端チップの内製化だ。そのため国の総力を挙げて、ＴＳＭＣの生産や研究開発の秘密ノウハウを入手しようとするだろう。「民族主義」や「愛国心」を利用して、南京工場や松江工場から多くの技術人材を引き抜くかもしれない。こうした動きに対して、ＴＳＭＣの中国工場の経営陣と台湾の本社幹部は常に警戒しなければならない。

純粋に公平な競争と努力という点から見ても、中国は長期的に間違いなく手強い相手になる。中国には優秀な素質を持つ科学技術人材が豊富であり、その数は欧州、米国、台湾の3エリアを合算しても及ばないほどだ。大学の1学年約800万人のうち20％以上が理工系を選択し、トップ20の優秀な大学が1年間に輩出する理工系の修士と博士は3万～5万人に達する。これは、台湾の10倍以上の数だ。人材の多くを占めるのが地方の出身者であり、彼らは優秀なだけでなく、高い学習意欲と忍耐力があり、半導体の研究開発や生産にうってつけの人材といえる。加えて、背後に巨大な国内市場もあり、将来の競合先として大きな脅威になっていくだろう。

中国は2019年以降、米国による一連の貿易制裁を受けているが、輸出入の総額はさほど大きな影響を受けていない。最も打撃を受けているのは、やっとの思いで育て上げてきた大手ハイテク企業やその関連技術の企業だ。これらの企業がブラックリスト入りしたことで、サプライチェーンの中には、必要な材料や基幹部品、設備が購入できなくなり、操業停止や廃業に追い込まれるところもあった。その顕著な例がファーウェイだ。2021年4月の同社の内部文書によると、ファーウェイは民生用電子機器において、1年半の間に4度の禁輸措置を受け、工場の操業がほぼ停止状態だったことが明らかになった。そのため中国共産党中央委員会は、自国の半導体産業の発展を支援するため基金を通じて5兆元の投資を決めた。

結局、中国の半導体産業は、習近平国家主席が言う双循環［国内の大循環（内需）の優位性を生かして国内と国外の二つの循環が互いに促進する新しい経済発展モデル」に行き着くだろう。つまり、10～20年後、世界の半導体産業は、自由で民主的な国々の陣営と、中国を中心とする一帯一路構想の参加国が参加する陣営の二つに分かれるということだ。中国は、産業のインフラがまったくなかった状態から、たった30～40年でハイテク製造業の世界の中心地に成長した。この実績とポテンシャルは決して過小評価すべきではない。

前者の市場経済においては、需要と供給は市場における自由な活動によって決定され、政府主導によって決まるものではない。第二次世界大戦後、毛沢東の統治下の中国やマルクス・レーニン主義のソビエト連邦などの共産主義国家では、中央政府が主導する計画経済が実行されたが、失敗か崩壊に終わった。中国がこの30年で世界の工場となり、様々な消費大国から莫大な外貨を獲得し、それを基盤に巨大な内需市場を築き上げ、GDPで世界第2位まで経済成長を遂げたのは、「特色ある社会主義」［一党独裁の維持以外は守るべき原則が特になく、市場経済も柔軟に取り入れる］を実践してきたからだ。

中国の製造業を研究しているほとんどの経済学者は、次のように分析する。まず1987年頃から台湾の従来型製造業が、次に2000年頃から台湾のハイテク企業が続々と中国に進出したことで大きな発展を遂げた。この二つの波によって、台湾企業は中国に2000億～3000億米ドルの資本をもたらしただけでなく、台湾で40年間培った経験と日米の企業から得た生産・品質管理、調達、工程管理、物流、ブランディング、マーケティングなどのノウハウを中国本土の労働者に教えてきたということだ。多くの台湾の実業家たちは、かつての中国の貧しさや後進性を目の当たりにしており、「同文同種の国（国は違っていても、使用する文字も人種も同じ、という意味）」という気持ちから、惜しみなくノウハウを教えた。それらはスポンジのように吸収されていった。例えば、資本主義の工場運営やサプライチェーン、自由市場の仕組み、さらに企業管理の5大要素（生産、マーケティング、人材、研究開発、財務管理）やマーケティングの四つのP（プロダクト、プライス、プロモーション、プレイス＝流通）などだ。共産主義の理論には存在しない要素だが、これらをもとに何千、何万という工場が次々と建設・運営され、中国は世界の製造業の中心地としての地位を築くことができた。

近年、アップルは、iPhoneの製造の一部を中国のEMS企業ラックスシェア（立訊科技）に委託するようになり、同社の株価は急騰している。創業者の王来春は内陸部出身で、21歳の時、深センにあるフォックスコン（鴻海）の工場に工員として入社した。それから十数年かけて幹部に昇進した彼女は電子機器の受託製造のシステムを学び、それを生かすために起業した。その際、フォックスコンから大量の人材を引き抜き、数年で成果を上げている。

ＴＳＭＣの日米事業戦略を比較する

２０２１年4月12日、米国のバイデン大統領は半導体と自動車産業のグローバル企業のトップを招き、オンラインで意見交換した。このバーチャルな会議は「半導体と供給網弾力化のためのＣＥＯサミット」と呼ばれ、招かれた19社のうち、米国以外の企業はサムスン電子、ＴＳＭＣの2社だけだった。リウ会長は会議で、アリゾナ州に5㎚プロセスのウエハー工場を建設するため１２０億米ドルを投資すると強調した。これは２０２１年の米国において外国企業による投資としては最大級のものだ。

会議への招待は名誉なことだが、当然ながらバイデンは米国の利益代表者としての思惑がある。２０２０年後半以降、世界の自動車メーカーは深刻なチップ不足で生産ラインが停止する事態にたびたび陥った。そのため、米国自動車メーカーのためにチップを確保しておきたい。また一方で、バイデンはＴＳＭＣを、国防、航空宇宙、コンピューター、スマホのブランド企業に高精度の半導体チップを供給する中核企業として評価していた。２０２１年6月、ＴＳＭＣのウェイＣＥＯは、「ＴＳＭＣ半導体技術フォーラム」で、米国への投資計画を正式に発表した。その規模は予想以上だった。アリゾナに建設する工場は「ファブ21」と名付けられ、5㎚プロセスを採用する予定で、すでに建設が始まっている。2024年末の稼働を目指し、当初は月産2万枚を予定する。敷地面積は445ヘクタールにも及び、これは台湾の北部、中部、南部の各サイエンスパークにあるTSMCの全工場の総面積に匹敵し、新竹サイエンスパークの面積の半分に相当する。

アリゾナ工場は先進的な5㎚プロセス用に計画・建設されているが、正式に稼働する頃には、最先端プロセスは3㎚か2㎚になっていると予想され、この最先端プロセスの工場は台中と台南の両サイエンスパークのほか、新竹宝山で建設が計画されている。

これまでTSMCの経営陣は、台湾にある十数カ所のウエハー工場を事業の柱とし、世界の顧客から製造受託することにこだわってきた。基本的に、ハイエンドのチップに関しては、量産に向けた歩留まり改善の段階で、海外工場は依然として技術や人材、生産能力を本社に頼らざるを得ない。台湾の工場とそこで働く数万人の有能で豊富な経験を持つ技術者が、世界中に散らばるTSMCの工場への人材と技術の供給源になっている。

2021年6月、日本のメディアは、トヨタ自動車、三菱電機、ソニーが台湾のTSMCと共同出資して合弁会社を設立し、熊本県内に20㎚レベルのウエハー工場を設立する計画を立てていると報じた。報道では、総投資額は1・6兆円で、初期の生産能力は月間2万~3万枚とされた。この合弁の出資企業の構成からわかるように、日本工場は、日本国内の家電、

TSMCの世界での生産能力分布図

ファブ11（8インチ／12-28nm）
月産2万～5万枚
（12インチ／5nm）
月産2万～3万枚
（2024年末の稼働予定）
太平洋
ワシントン州
カリフォルニア州
アリゾナ
北京
南京
上海
F18（12インチ／5nm）
月産2万～3万枚
・松江工場（8インチ／10万～15万枚）
・新竹本社（新竹サイエンスパーク）
ファブ2（6インチ／100万～500万枚）
ファブ3／ファブ5（8インチ／12-28nm）
ファブ8（8インチ／12-28nm）
ファブ3／ファブ5／ファブ8
月産合計15万～20万枚
ファブ12／A・B（12インチ10nm以上）
月産15万～20万枚
・桃園市龍潭区
テスト・
パッケージング3工場
・台南工場（南部サイエンスパーク）
ファブ6（8インチ／12-28nm以上）
月産15万～25万枚
ファブ14（12インチ／12 nm,16 nm,20nm）
月産35万～40万枚
ファブ18（12インチ／5nm）
（P1,2,3は5nm、P4,5,6は3nm）
月産20万～30万枚（テスト・パッケージングを含む）
・台中エリア（中部サイエンスパーク）
パッケージ・テスト工場
ファブ15（12インチ／7-10nm）
月産25万～35万枚（パッケージング・テスト工場を含む）
シンガポール
SSMCとの共同出資工場（8インチ）

（出典）SEMI、TSMC、メディアなど（2021年6月時点）

電子、自動車など主要産業に対する比較的古い技術のチップの需要に対応するものであり、ＴＳＭＣが有する最先端プロセスを追求するものではない。

日本工場は、日本政府の優遇措置を受け、合弁会社の資本金の半分は顧客が拠出する。そのうえ、製造するのは最も成熟した20㎚プロセスだ。工場が順調に稼働し、歩留まり率が要求を満たし（それほど困難ではない）、量産が始まれば、注文は用意されており輸送コストや物流にかかる時間も削減できる。台湾から数百人のエンジニアチームを派遣し、長期滞在させるとしても、今の若い世代は日本に対して好印象を持っており、数年住んでみたいと思っている人も多いはずだ。また、日本と台湾は飛行機で2、3時間の距離なので、金曜夜に台湾に戻り、日曜の夜に日本に行くことも可能だ。日本工場が稼働すれば、台湾のＴＳＭＣ従業員の間で、日本行きの希望者が続出する事態になるかもしれない。日本の歴史ある企業は、約束を守り、職場倫理の遵守し、仕事に対するプロ意識も高いため、日本進出はＴＳＭＣにとってよい話だ。

2 グローバルにESGを推進する

TSMCの社会的責任

顧客、従業員、株主、サプライヤーとの約束を守るため全力を尽くすTSMCは、産業界の模範であり、国内のあらゆる企業が学ぼうとしている。実際、国内の経済メディアは、TSMCの社会的責任（CSR）への取り組みを20年にわたって熱心に報道してきた。例えば、台湾初のプロ舞踊団「雲門舞集」は立ち上げ当初、知名度がなく公演の収入だけでは経費を賄えなかったが、TSMCが毎年数百万台湾ドルを率先して寄付したおかげで、後に国内外で高く評価されるようになり、困難を乗り越えることができた。また、1979年に閉鎖されて以降、メンテナンスもされず荒れ果てていた台北市中山北路の旧米国大使邸について、TSMCは2000年頃、5000万台湾ドルを拠出して修復プロジェクトを立ち上げ、評価の高い映画を上映する小さな映画館や映画図書館（兼書店）、文化芸術のサロン、屋外カフェなどから構成される映画をテーマにした市民芸術・レクリエーションセンターにリノベーションした。この事例がきっかけとなり、台湾全体で歴史的な建物や使われていない公邸の再開発・リノベーションが相次ぐようになった。

ＴＳＭＣチャリティー基金

高雄市民にとって２０１４年に起きた大規模なガス爆発事故は非常に辛い記憶だ。事故では二つの通り沿いにある１００～２００の商店や住宅のドアや窓が粉々に砕け散り、道路には数十メートルにわたって大きな穴があいた。事故後、ＴＳＭＣチャリティー基金は本社と従業員に寄付を呼びかけたほか、ＴＳＭＣの多数のサプライヤーと協力して復興チームを結成し、事故現場の測量、工事計画、資材の準備、施工を担い、わずか３～４カ月で１００～２００軒の店舗にシャッターやアルミ製の窓を取り付け、街は数カ月でよみがえった。私は事故から５カ月目に現場を訪れたが、街全体が以前より見違えるように復興されているのを見た。この事例でも、正しいことにお金を使ったことだけでなく、非常に素早く効率的に復興作業を進めたことで、国内企業が災害復旧に携わる際のモデルになった。ＴＳＭＣチャリティー基金は、TSMCの直接の管理下にはないが、ここ数年はモリスの妻ソフィー（張淑芬）の指示のもとで、花蓮地震の緊急支援などを含め、多くの公益事業に取り組んでいる。

2019年以降、新型コロナウイルスが世界に広がり、70億人の仕事や生活に深刻な影響を与えた。2020年2月から2021年4月にかけて、他の国ではロックダウンや移動制限が実施され人々はパニック状態に陥ったが、台湾では政府の積極的な防疫対策と国民の協力によりほぼ通常の生活を送ることができ、旅行も可能だった。2021年5月にチャイナ・エアライン（中華航空）のパイロットの感染や台北市万華区での集団感染などがあり、新規感染者が増加し社会的な緊張が生じたものの、日本や欧米諸国の感染状況に比べると穏やかだった。ただ、前年より増えた感染者数と死亡者数に加え、様々な理由でワクチンの大量輸入が遅れたことで不安が広がった。それを受け、2021年6月中旬、鴻海（ホンハイ）グループの創業者テリー・ゴウ（郭台銘）とTSMCが、それぞれ500万本のファイザー製ワクチンを寄贈したことが大きな話題となった。さらに、台湾最大の仏教組織「慈済基金会」もファイザー製のワクチン500万本を寄贈した。台湾社会の「善の力」が発揮された事例だ。

TSMCは目立たないように慈善活動を進めていて、宣伝もしていない。TSMCを代表してリウ会長がワクチン寄付を提案する数カ月前、ソフィーが率いるTSMCチャリティー基金とそのパートナーは、次の六つの救援活動を完了していた。

・「非接触式独立検査ステーション（車）」10台を寄付（総額8000万台湾ドル）。

・医療従事者に医療キット2万5000セット（防護服、ゴーグル、防護キャップ、防護靴、ラテックス製手袋）を寄付。

・病院と療養施設に人工呼吸器400台を寄付。

・「1919フードバンク」に数千食のレトルト食品と1500箱の食品セットを寄付し、困窮家庭や高齢者、子どもたちに提供。

・遠隔地の貧しい子どもたちが勉強に後れをとることなくオンライン授業を受けられるように、ノートパソコン1000台やWi-Fiルーターなどを寄付。

ほかにも、TSMCの社会や環境へのコミットメントを示す例がある。2021年4月4日、台湾自来水公司（国営の水道公社）の郭俊銘元会長は、新聞『自由時報』の「自由広場」に寄稿し、文章の中で2016年12月初めにTSMC本社を訪ね、会長のモリスとCEOのウェイと面談したことを振り返った。当時、TSMCの水利用量は台湾企業で2番目に多く（1位は中国鋼鉄）、1日数十万トンだった。水の単価は1トン当たり11・5台湾ドルだったが、TSMCは廃水を循環処理し再利用していたため、コスト換算すると1トン当たり25台湾ドルだった。新竹には水量が豊富な河川（頭前渓）があり、郭俊銘はモリスに単価11・5台湾ドルの水道水の購入を提案した。水道水なら製造に使っても基準値まで処理すればそのまま排水できて水処理にかかるコストを節減できる。だが、モリスはこう言った。「あなたの会社から水を買えば、多くのお金を節約できますが、私たちには環境へのコミットメントがある」。この言葉を聞いた郭は、モリスとＴＳＭＣに尊敬の念を抱くようになったそうだ。

郭は寄稿記事の中でこうも述べている。「環境汚染と切っても切れない石油化学、製紙、鉄鋼、繊維産業、大規模ホテルなどの上場企業は、水道の使用料金が意外にも大きくない。調べたところ、多くの企業が地下水の利用権を申請し、井戸を掘って生産に必要な水をポンプでくみ上げている。彼らが払っているのは水をくみ上げるための電気代だけだ」

また、記事ではこんな話も披露した。台湾で水に関する補助金を最も多く受給したのは、台湾プラスチックグループの「第6ナフサ分解プラント」、通称「六軽」だ。当時、濁水溪［台湾で最も長い河川］の水源を六軽に供給するため、政府は巨額の資金を投じて巨大な河川堰と数十㎞に及ぶ用水路を建設した。台湾プラスチックグループは現地の水利権を持っていなかったため、農田水利会［水利権を持つ農業組織］との間で、1トン当たり3・5台湾ドルで1日当たり36万トンを購入する契約を結んだ。その一方、この工場がある雲林県では、灌漑用水が不足していたため農家は井戸を掘って地下水をくみ上げて使っていたが、長期にわたる地下水の利用が地盤沈下を引き起こし、高速鉄道の地盤の安定性にも影響を与えた。そのため、政府は多額の公費を投じて地盤改良工事を実施しなければならなくなった。

この記事からも推察できるように、CSRやESG（環境・社会・企業ガバナンス）は見栄えのする声明を出したり、メディアでPRして良いイメージをつくったりすることではない。企業のトップが地球環境保護を支援する明確な意思を持ち、真摯に行動することが必要だ。コスト最優先の企業は口先だけで地球環境保護を訴えるが、そんな企業は数万人の従業員とその家族を養えたとしても、今を生きている世界の人々や社会から見れば、残念で迷惑な存在だ。

グローバル企業のビジョンと責任はさらに拡大している。2020年以降は、環境、社会、企業ガバナンスの頭文字を取ったESGが、持続可能な企業経営の究極の目標と位置付けられるようになった。これは利益の追求という過去数百年掲げ続けてきた唯一の目標を放棄する動きでもある。台湾企業の模範でもあるTSMCは、過去20年間、『天下雑誌』のCSRランキングで常に上位3位に入っている。2020年、同社の時価総額が急拡大してからはますます注目を浴びるようになった。2018年にトップに就任したリウ会長とウェイCEOは、ESGを経営の柱の一つと位置付けた。その取り組みの多くは斬新であり、最も注力しているのは、グリーンエネルギーの推進だ。これにより温室効果ガスの削減に貢献すると同時に、事業に必要な大量の電力の代替エネルギーを見つけるという長期的な課題の解決につなげようとしている。

グリーンエネルギーは台湾与党・民主進歩党（民進党）が掲げる政策「非核家園（原発なき郷土）」における重要な政策目標の一つで、太陽光発電と風力発電に重点を置き、既存の3基の原子力発電所に代わるエネルギーの供給源にしていく狙いがある。脱原発政策は、ドイツのメルケル政権がいち早く、2011年に始めている。アンゲラ・メルケルが行動を起こしたきっかけは、2011年3月、日本で起きた福島第一原子力発電所の事故だ。巨大地震によって発生した津波が原子力発電所を襲い、三つの原子炉が同時にメルトダウンを起こし、建屋は爆発した。その結果、放射能物質が広範囲に拡散され、周辺住民は長期にわたって避難を余儀なくされるという悲惨な事故だった。もともとメルケルは原発推進派だったが、この事故を目の当たりにして、脱原発派に転向した。

間接的であっても、恐ろしい事故を個人的に経験した者だけが、「クリーンなエネルギー源」とされる原発で事故が起きた場合に、どれほど負の影響をもたらすかを理解できる。台湾の場合、第一原発と第二原発は、台北市中心部からわずか十数キロしか離れていない。事故による爆発や放射能漏れが発生すれば、市民全員の避難が必要となり、誰も住めなくなる。そんな重大なリスクを受け入れることができるだろうか。

台湾にある3カ所の原発では小さなトラブルが何度も発生していて、最近では2019年に運転開始から30年になる第二原発が緊急停止した。調査に2日かけたが原因がわからず、最終的には設備を構築した米GEからエンジニアが台湾に駆けつけ、問題解決に当たった。原発はすでに何十年も稼働しているが、すぐに解決できない問題がまだ多くあることをこの例は示している。

そのため、私たちは欧州に学び、再生可能エネルギー（再エネ）の生産と利用を積極的に推進する必要がある。台湾の三つの原発が稼働して30年以上が経過した今、この課題の解決は急務だ。

ゼロカーボン時代の到来

2020年3月、今後30年間にわたり世界中の中堅・大企業の経営に大きな影響を与える法案、欧州気候法の案が欧州委員会で発表され、21年6月に欧州議会とEU理事会で採択された。現在、世界で年間およそ510億トンの温室効果ガスが排出されており、これを早急に削減し、気候変動やそれを原因とする災害の激甚化という悪循環を抑える狙いがある。また、EUでは環境対策が緩い国からの輸入品に事実上の税を課す「炭素国境調整措置（国境炭素税）」を検討している［2023年4月に導入が承認され、26年に本格導入される］。英国、フランス、スウェーデンなどはすでにゼロカーボン関連の法案を制定している。日本や韓国は2050年までに、全世界の二酸化炭素排出量の約3分の1を占める中国は2060年までに、カーボンニュートラルを達成すると宣言した。世界第2位の二酸化炭素排出大国である米国は、2017〜2020年のトランプ政権で後退したものの、現在のバイデン政権は気候変動や温室効果ガスの削減を非常に重視しており、近いうちに欧州などと同様のアプローチをとると考えられている。

ドイツでは、伝統的なガソリン・ディーゼルなどの内燃エンジンが輸出生産額の3割以上を占めていたが、ゼロカーボンの目標を達成するため、メルケル首相［当時］はエンジン車の新車販売を段階的に禁止する意向を示した。また、ドイツは前述のように脱原発も宣言し、国内のすべての原発の稼働を停止させる［2023年に脱原発を完了させた］。EUはガソリン・ディーゼル車の新車販売を2035年に禁止し、英国も2030年からガソリン・ディーゼル車の新車販売を禁止すると発表している［EUは2023年3月、環境に良い合成燃料を使うエンジン車は認める方針を表明した］。

EU主要国がグリーンエネルギーを推進しているように、温室効果ガスの削減は地球の全市民の責任だ。最近では、欧米の大手企業が推進者となり、国際的な取り組みをリードしている。

台湾企業もここ10年間で環境問題に注力している。『天下雑誌』が2021年5月に実施した台湾の中堅・大企業を対象にした「脱炭素企業50社」の調査では、次の①から⑤の指標やイニシアチブなどへの参加状況などをもとに評価した。①DJSI（ダウ・ジョーンズ・サステナビリティー・インデックス）、②RE100（事業運営に使うエネルギーの100％を再生可能エネルギーのみで賄うことを目指す企業連合）、③CDP（カーボン・ディスクロージャー・プロジェクト）、④SBTi（科学的知見から温暖化ガスの削減目標を定める国際イニシアチブ）、⑤ICP（インターナル・カーボン・プライシング＝社内炭素価格）。

「脱炭素企業50社」に選ばれた企業の中で、この①から⑤の二つ以上を採用している企業は7社あり、TSMCもそのうちの1社だ。第1位はデルタ電子で①から④までの4項目をクリアした。3項目クリアはASE（日月光投資控股）、台湾モバイル（台湾大哥大）、ライトン（光宝科技）、2項目クリアは遠伝電信、大江生医、そしてTSMCだ。この調査は、台湾で知名度がある雑誌が初めて民間企業の脱炭素への取り組みを評価したもので、トップ50に入ることは、その企業が脱炭素の世界的潮流を十分に理解し、利益だけでなく良き地球市民でありたいと願っていることを意味している。そうした姿勢はどの業界からも評価、称賛されている。

リウ会長とウェイCEOの環境課題や脱炭素への取り組みは、非常に革新的だ。まず、2020年12月に国内で初めて「グリーンボンド」（上限120億台湾ドル）を発行した。7㎚、5㎚、3㎚プロセスの工場建設に費やされてきた金額（数百億米ドル）には及ばないが、使用使途は環境対策事業に限定され、それ以外の投資や経費には使えない。

調達資金は、工場のエネルギー効率の向上や温室効果ガスの削減などに使われる。投資家にとってグリーンボンドなどのESG債やサステナビリティー債は社債と変わりないが、発行会社がそれを名乗るには第三者の評価機関からの認証のほか、資金使途を詳細に記した年次報告書の提出などが義務付けられている。

TSMCにとってグリーンボンドの発行は、ESGへのコミットへの決意表明であり、見せかけではなく本気で取り組むことを示している。TSMCは2025年までにエネルギー消費を20％削減し、工場のエネルギー効率を30％向上させる目標を掲げており、それを達成するには資金が必要だ。

グリーンボンドはTSMCが最初に始めたものではなく、2016年にアップルが初めて発行し、これまでに累計で47億米ドルを調達している。さらに、グーグルの親会社アルファベットも2020年にサステナビリティー債を発行した。TSMCは台湾におけるグリーンボンド発行のトレンドをつくり、2021年末までに台湾全土で約400億米ドルが発行される見込みだ。

2021年6月初旬に開催された「TSMC半導体技術フォーラム」で、ウェイCEOは、TSMCが2020年7月に半導体企業として初めてRE100に加盟し、2050年までにすべての工場とオフィスで使用するエネルギーを100％再エネに転換することにコミットすると発表した。そして、2030年までに再エネの使用比率を25％にする中間目標を打ち出した。

TSMCは2020年までに総電力消費量の約7％に当たる120万キロワットの再エネを購入しており、2021年には業界初の廃棄物ゼロ工場の建設を開始した。2023年に試験運転を予定しており、最先端のリサイクル・浄化技術を用いて廃棄物から工業用の化学薬品を生成する。

従来の化石燃料由来の電気からグリーンエネルギーへの転換の推進には懸念もある。2021年7月、台湾メディアは、二つの主要なグリーンエネルギーの発電プロジェクトがこの1年で後退に見舞われていると報道した。まず、太陽光発電は原材料価格の高騰により、川下のシステムメーカーと川上のモジュールメーカーの間でコスト上昇分をどちらが負担するかを巡って争いが絶えず、それが太陽光システムの設置の遅れにつながった。次に風力発電は、経済部が国産技術の比率を上げていくよう求めているが、国内企業の主要な技術習得は明らかに遅れており、機械・電機の原材料価格の大幅な上昇などもあって、風力発電の設置計画は遅れている。その結果、2021年のグリーン発電の総量の伸びは、計画の目標値に届かなかった。TSMCの経営陣はこうした状況に注意を払う必要がある。

TSMCのグリーンエネルギーと脱炭素への取り組みは多方面に及んでおり、これから述べる事例からその全体像を垣間見ることができる。

事例 1 世界最大の風力電力量を購入

2019年、経済部は「再生可能エネルギー発展条例」を改正し、「緑電直供」(グリーンエネルギー発電所が直接、顧客に電力を供給)と「緑電転供」(グリーンエネルギー発電所が台湾電力の送電・配電網を通じて顧客に電力を供給)の二つを規制緩和し、グリーンエネルギー事業者が民間企業に再エネを販売するビジネスが誕生した。TSMCの情報技術・資材・リスクマネジメント担当副社長の林錦坤は、「TSMCはグリーン製造の推進者として、持続可能な発展へのコミットを守り、責任ある調達者としての役割を果たし、合理的で実現可能な様々な再エネのソリューションを継続的かつ積極的に探求していく」と述べている。

TSMCの顧客と市場はグローバルであるため、脱炭素は早急に対応しなければならない課題だ。そうしなければ、製造過程で生じる二酸化炭素排出量の削減目標をクリアできず、多くの国や地域に進出することができなくなる。そのため、TSMCのグリーンエネルギーへの対応は、台湾のどの企業よりも積極的かつ迅速だ。同社は中長期のグリーンエネルギー計画を策定しており、その中の「再生可能エネルギー導入計画」では、2030年までに全工場の総消費電力の25%を、非生産施設では100%を再エネに転換する。そして、長期的な努力目標として、全社の使用電力の100%を再エネに転換することを目指している。

2015年から2017年にかけて、TSMCは経済部の「グリーン電力調達プログラム」に参加し、再エネを累計で4億キロワット時購入し、台湾の最大購入者となった。2019年までに、TSMCは累計で9・1億キロワット時の再エネ、電力証書、カーボンクレジットを獲得した。

TSMCは過去5年間、生産に不可欠な電力と水という2大公共資源の確保のために投資してきた。モリスのリーダーシップとリウ会長やウェイCEOの決断力には感嘆するばかりだ。TSMCは2020年7月までに1・2ギガワット（1キガワット＝10億ワット）の再エネ電力の購入契約を締結した。これは100万キロワットの電力に相当し、年間で218万9000トンの二酸化炭素排出削減が見込まれる。

また、デンマークの風力発電企業オーステッドとの間で、同社が彰化県北西部で建設中の洋上風力発電所（設備容量920メガワット）から20年にわたって電力を購入する契約を結んだ。これは企業による再エネ電力の購入契約としては世界最大だ。

オーステッドは世界有数の風力発電専門企業で、1450基の洋上風力タービンを稼働させており、その発電容量は合計6・8ギガワットだ。彰化県の洋上風力発電所は2025年に完成・稼働する予定で、稼働後に契約が正式に発効する。

この彰化エリアの風力発電建設については、2018年、数多くの企業による競争入札があり、オーステッドが平均入札価格（2・6台湾ドル／キロワット時）を下回る2・548台湾ドル／キロワット時で落札した。一見、大損をしたように見えるがそうではない。この風力発電所でつくる電力のすべてを入札価格よりもはるかに高い価格でTSMCに販売する長期契約を結び、いわゆるウィン・ウィンの状況が生まれたからだ。

オーステッドは、計画通りに稼働さえすれば利益と早期の投資回収が約束されているため、積極的に建設に取り組む。TSMCにとっても、電力不足に陥った際の備えとして、信頼性の高い相当量の電力を確保できる。

太陽光エネルギーに関しては「再生可能エネルギー発展条例」の改正［2019年4月］に伴い、TSMCはこの政策の実践者として先頭に立ち、2020年5月には曄恒能源とヴィーナ・エナジー（韋能能源）などの太陽光発電企業から合計1・1億キロワット時の購入契約を交わし、国内最大の太陽光発電のユーザーとなった。

このようにTSMCの風力発電と太陽光発電という2大グリーンエネルギーへの先行投資は、同社に先見の明があることを示しただけでなく、台湾のグリーンエネルギー産業に大きな可能性があることを世界に示せたことが重要な点だ。将来、台湾のグリーンエネルギー産業が国際市場で大きく発展すれば、TSMCの支援は最大の成功要因になるだろう。

事例2 ハイテク水素プラント

2021年3月中旬、世界第2位の産業ガスサプライヤーの仏エア・リキードと台湾の遠東新世紀グループが共同出資した亜東工業ガスが、台南・南部サイエンスパークに新工場を建設した。新工場は将来的に再エネ（台湾電力がグリーンエネルギーを利用して生産した電力）を動力源とし、超純水を電気分解して「超高純度水素」を生産する。この非常に特殊な水素は、3nmプロセスのEUV（極端紫外線）露光装置になくてはならないものだ。EUV光を発生させるには、液体のスズにレーザー光を毎秒5万回照射する必要があるが、スズが気化するとEUVの反射鏡に沈着しやすくなり、それが曇りの原因となりプロセスに影響を及ぼす。そのため超高純度水素ガスを注入してスズと結合させ、気体状の水素化したスズをチャンバーの外に排出することでスズの沈着を抑える。

また、新竹サイエンスパークに最初に進出したガスメーカーの聯華気体も、台南に天然ガスを原料とした水素製造施設を二つ建設する計画を立てている。それらはＴＳＭＣの新工場に供給される予定だ。

事例3 水資源100年の歩み

・台湾の干ばつが改善されなければ、半導体生産に問題が生じ、アップルやテスラへの半導体供給に影響を与えるおそれがある――米投資週刊誌『バロンズ』
・これは半世紀の中で、台湾における最も深刻な干ばつであり、同時に台湾の半導体産業が抱えている巨大な課題を浮き彫りにした――『ニューヨーク・タイムズ』

２０２１年前半、台湾は57年ぶりの深刻な水不足に直面した。私の記憶では、過去に日月潭〔台湾最大の淡水湖〕や石門ダムなどの大規模な貯水池の水位が30％を下回ったことはなかったが、２０２１年5月末、北部の翡翠ダムを除く複数の貯水池でその水位が20％未満となった。

新竹の宝山ダムでも底が見えそうになるまで水位が下がった。だが、数年前から着工していた経済部水利署（水資源局）の「北水南調プロジェクト」が2021年1月に完成したことが幸いした。北部（翡翠ダム）の水が石門ダムや新竹地域の宝山ダムに送られたため、TSMCの新竹工場が窮地に陥ることはなかった。しかし、中南部のファブ15～18の12インチ工場に水を供給していた複数の貯水池の水量はほぼ底をついた。地下水によるバックアップがあるので緊急事態には対応できるが、干ばつが続けば一部は操業停止のおそれがある。

確かに、水資源局は、井戸水、地下水、海水淡水化水の供給などの緊急対応策を用意している。また、TSMCもこの数年、水資源の確保に多くの投資をしてきた。しかし、水不足の状況が悪化し続けると、生活用と産業用の間で奪い合いが起きるのは必至で、大量の水を必要とするウエハー工場は問題視され、正常に操業するのが難しくなるかもしれない。

TSMCの工場の水使用量は、プロセスが精密になればなるほど増加する。例えば、現在テスト中の3nmのファブ18では、フル稼働時の水使用量が1日当たり7・5万トンに達し、年間では仁義潭貯水池の有効貯水量［2506万㎥］に相当する（『商業周刊』1745号）。台湾のTSMCの17の工場は、1日に20万トン以上、年間に700万～800万トンもの水を使用し、これは中規模の貯水池の水量に相当する。今後、台南の3nm工場と新竹宝山の2nm工場が稼働すると水使用量はさらに増加し、現在の2倍以上になる。水の確保は重要な課題だ。

工場は大量の水を必要としており、各地のサイエンスパークや市町村にとっては大きな課題だ。２００2年にも台湾では干ばつが1年以上続き、ハイテク企業が水を大量に使うせいであちこちで水不足が起きた。この出来事は危機であると同時に、ＴＳＭＣの経営陣が水資源の確保の重要性を認識する機会となった。対策として、水のリサイクルと水源開発という二つの戦略を検討した。前者に関しては、２００2年に台湾の半導体産業で初めての廃水リサイクルシステムを導入し、廃水の再利用率が73％に向上した。さらに多くの水をリサイクルするため、担当部門は「廃水パイプライン分流システム」を構築し、様々な化学成分を含む廃水に対応するため38種類の分流にして分析・処理している。このシステムは非常に複雑で、廃水の種類ごとに異なる処理装置や、分流処理後の再生水を一時的に保管する十分なスペースも必要だ。近年、新工場に必要な土地面積が増えているのはこうした事情がある。

ＴＳＭＣは長年の廃水リサイクルの経験を通じて、台湾卜力斯、聯宙科技、捷流閥業、漢華水処理工程、水之源企業など廃水処理企業を数十社育成した。それにより、この新しい業界のレベルが国際水準にまで引き上げられた。もちろんＴＳＭＣの廃水処理システムの構築にも紆余曲折があった。かつて、研磨工程の廃水をリサイクルするため米国企業から数千万台湾ドルの最新装置を導入したが、ろ過膜の性能が十分ではなく、結局、装置全体を破棄し、システムの再構築を余儀なくされたことがあった。その後、ＴＳＭＣは「パイロットプラント」の活用を始めた。つまり、新しい廃水リサイクル処理システムを構築する前に、縮小版をつくってテストを実施し、うまくいったら本格的にシステムを構築するという手法だ。２０２１年初め、ＴＳＭＣは裏面研磨工程の廃水を［化学薬品を使わず］物理的に再生する技術を開発し、パイロットプラントでのテストを経て、龍潭区のパッケージング工場に導入した。このシステムは、アライアンス先の台湾卜力斯との共同開発の成果だ。

国内の水処理産業の技術進歩により、ＴＳＭＣの廃水リサイクル率は近年87％に向上し、世界の半導体産業をリードしている。また、ウエハー1平方センチ当たりの水使用量も約５リットルにまで削減した。ちなみに、米国の半導体業界は15リットル、韓国は12リットル、台湾は7リットルだ（『商業週刊』１７４５号）。

ＴＳＭＣではこれでもまだ努力は不十分とし、リウ会長は次のように明言する。「水不足は世界的な問題だ。私たちとともに乗り越えよう」。ＴＳＭＣは将来、台南に三つの水再生プラントを建設し、自社工場から発生する廃水の再利用だけでなく、サイエンスパーク全体の廃水の処理と再利用を支援する。２０２１年4月に完成した台南の「永康水再生プラント」はリサイクル水の60％を、「安平水再生プラント」はリサイクル水の１００％を台南にあるＴＳＭＣの工場に供給する。ＴＳＭＣの発祥地である新竹サイエンスパークでも同様の努力をしている。数百のハイテク工場が使う1日14万トンの水のうち、ＴＳＭＣは５・７万トンを使用する。これは、サイエンスパークの七つの工場が可能な限り廃水を回収・処理し、再利用を試みた成果だ。新竹サイエンスパーク管理局の建設部門長は『天下雑誌』の取材に対し「TSMCは非常に努力している」と述べ、新竹工場では水を平均3・5回使用しており、さらにTSMCが水再生プラントを建設予定であることを理由に挙げた。

しかし、TSMCは2031年までに新竹宝山に四つの2㎚プロセスの工場を建設する予定で、それらが稼働すると1日当たり新たに12万トンの水が必要になる。これが最も悩ましい問題だ。再生水プラントによる1日3万トンの廃水再生のほか、さらなる方策として、5、6キロメートル離れた海辺の場所で海水の淡水化に取り組むことが視野に入っている。経済部の沈栄津前部長と王美花経済部長は、長年にわたってこの計画を検討しており、すでに具体的な構想が固まっているという。実際、王美花部長は立法院での質問に対し、政府の長期的な解決策として、新竹、桃園、嘉義、台南、高雄の各海岸に「海水淡水化プラント」を建設することを提案した。計画では、完成予定の2031年には年間10億トンの海水が淡水化される。これは1日約275万トンの水の供給に相当する。これにより、三つのサイエンスパークや各工業団地の水不足問題が一気に解決することが期待されている。

2021年前半の干ばつは、7月と8月に中北部での何度かの大雨と台風によって、8月中旬に台湾全土の数多くのダムが満水状態となり、以降の水不足の懸念は小さくなった。しかし、長期的に見れば、水不足は繰り返し起きる問題であり、解決のためには前述のような対策を講じる必要がある。

護国神山、すなわちＴＳＭＣの問題は、国内の産業発展の問題でもある。ＴＳＭＣは政府との連携により、「社会のため、そして自社のために」専門的かつ責任ある態度で水資源の問題を解決しようと取り組んでおり、その姿勢は中堅・大企業が見習うべきモデルである。

3 今後10年で起こり得る危機

「人無遠慮，必有近憂（遠い将来のことを考えず目先にばかり追われていると、近いうちに必ず困ったことが起こる）」ということわざがある。

経営が順調な今、ＴＳＭＣにも様々なリスクがある。それは大きく「成長維持のために必要な環境・資源の確保」「海外進出先の政治・経済環境」「世界情勢の激変」の三つにまとめることができる。

米中間の対立

現在、世界は40年ぶりともいえる米中対立に直面している。それは外交、経済・貿易、技術、移民政策など多岐にわたる。米国がファーウェイや中芯国際集成電路製造（ＳＭＩＣ）などの中国企業に対し技術や機器の輸出禁止措置を取ったため、ＴＳＭＣは売上高の12％を占めていたファーウェイからの受注を断念せざるを得なくなった。幸いにも、２０２０年後半はiPhone 12人気やビットコインブームによってサーバー向けのチップの需要が急増し、ファーウェイ向けに確保していた生産能力を迅速に埋めることができた。しかし二つの大国の政治的、経済的、技術的対立がもたらす経営リスクは今後も続く。これが、ＴＳＭＣが直面する第一のリスクだ。

現在、中国共産党の支配下にあるハイテク企業40社以上が、米国政府の技術輸出禁止リストに掲載されており、２０２１年に民主党のバイデン政権に代わった後も、ブラックリストへの掲載企業数は増え続けている。ＴＳＭＣの中国の顧客がリストに載ったり、ＴＳＭＣの松江工場や南京工場で特定の装置やソフトウエアの使用が禁止されたりしたら、操業に大きな制約を受けるだろう。

また、ＴＳＭＣが誇る顧客サービスツールの一つである「ＩＣ設計ライブラリーセンター」で使用されているソフトウエア・ツールはほとんど米国企業の製品だ。もし、これらのツールを中国本土のＩＣ設計企業や半導体企業に提供することが米国政府によって禁止された場合、ＴＳＭＣも協力しなければならず、これも今後起こり得るリスクだ。

２０２１年5月、英国の経済誌『エコノミスト』はＴＳＭＣにとっての最大のリスクは米中衝突だと指摘した。ＴＳＭＣは両国をなだめるため、同年2月に米アリゾナ州への3㎚プロセスの新工場建設計画を発表し、3月には中国の南京にある28㎚プロセスの工場に２００億米ドルの拡張投資をすると発表した。２０２１年9月の時点で、米中とも、ＴＳＭＣの意思決定に対して直接的な干渉はしていない。おそらく現状の対応策がそれぞれの国の技術目標の達成に役立ち、最も適切だと考えているからだろう。しかし、半導体チップ製造の重要性がさらに高まった場合には、米中のいずれかが動き出す可能性もある。

それに加え、米中対立が国家安全保障や軍事問題レベルにまでエスカレートした場合、ＴＳＭＣは両国の顧客、軍事力、経済力などを考慮して、どちらか一方との交易の放棄を迫られるかもしれない。これはモリスでさえ31年の会長在任中に迫られたことがない選択であり、リウ会長とウェイＣＥＯにとって最大の試練となるだろう。

２０２０年後半以降、自動車用半導体不足を懸念する米国、ドイツ、日本の大手自動車メーカーや政府代表から対応を求められていたＴＳＭＣは２０２１年２月、南京の28インチウエハー工場の拡張を発表した。これに対し、中国本土では非難の声が上がった。中国本土では、時にこのような大衆の行動がきっかけで工場閉鎖に追い込まれることがある。事業戦略の変更時には、そうしたことへの対応も考えておかなければならない。

世界の政治・経済情勢の激動

世界の経済環境はこの数年で激変した。米国、中国、日本、欧州の国々は10年以上にわたって金融緩和政策を実施してきた。それにより、２００８年の金融危機以来の不況の嵐は収まり、２０２０年以降の新型コロナウイルスによる世界的な経済停滞も乗り切ることができた。株式市場には「カネ余り」でだぶついた大量の資金が流入し株価が高騰しているが、この非合理的な繁栄は、時として崩壊のリスクをはらんでいることを忘れてはならない。米国、中国、日本、欧州を中心とするハイテク関連企業の株価は驚異的な水準に高騰しており、ある日、政治的・経済的にマイナスな要素が重なり、それが引き金となって株式市場の世界的な大暴落が起きても不思議ではない。

米国、中国、日本、欧州（イタリア、スペイン）の国家債務は、ＧＤＰ比で１２０％を超え、中には200％にも達する国〔日本〕もある。第二次世界大戦後80年近く、主要国の債務がこれほど高まったことはなく、一つの出来事が引き金となって世界経済の崩壊が始まる可能性もあり、油断は禁物だ。

世界経済が大不況に陥れば、TSMCもその影響を免れることはできない。現在、売上高の4分の1はアップルからの受注であり、大不況に陥れば高価格帯の家電製品が最初に影響を受けるのは間違いない。当然、半導体産業の製造・販売には大打撃で、ファウンドリー企業も例外ではない。

世界の政治・経済情勢の変化に対してTSMCはどのように対応しようとしているのか。その背景を理解するため、2021年7月、モリスが台湾代表として参加したAPEC会議での発言を見てみよう。

1 自由貿易か、自前のサプライチェーンか

モリスは次のように語っている。現在、多くの国が半導体の自国生産を求めているのは確かだ。しかし、このまま何も言わなければ深刻な事態に陥るおそれがあるため、次の注意喚起が新たな時代の始まりになることを望んでいる。それは、自国生産を目指す国が莫大の資金や人材を投入しても、自給自足の目標を達成することはできないだろうということだ。

モリスは半導体を確保する最善の方法は自由貿易だと考えている。

米国の経済学者マイケル・ポーターは『国の競争優位』(邦訳版はダイヤモンド社)で次のように述べている。どの国も競争上の優位性を持っている、あるいは見つけることが可能であり、それを活用すれば自由貿易下では貿易をするすべての国が利益を得ることができる。これこそが自由貿易のメリットだと主張している。各国は確かに国家安全保障の問題を懸念するが、それはあくまで一部の問題であって、より大きな部分、つまり民間市場は自由貿易の方向に進むべきだとモリスは述べた(参考＊中央通訊社2021年7月19日報道)。

モリスの発言を解釈するなら、ここで言う「競争優位」とは何だろうか。自国で半導体の生産体制を確立したい国は、本書の第4章で分析した「TSMCの七つの競争優位性」をよく検討し、その国がどれだけ優位性を持っているかを確認すべきだ。もし一番目「制度は米国式、リーダーシップは台湾式」と三番目「一流かつ現実的な企業文化」以外で、優位性が半分(三つ)もないのなら、今から巨額の投資をしても5~8年後に大きな果実は得られず、プロセス技術でTSMCに及ばないだろう。それに気づいてから後悔しても遅すぎる。餅は餅屋ということわざのように、プロフェッショナル同士が役割を分担して、自由貿易に戻るべきだ。供給業者(TSMC)と買い手(ICチップ設計会社)が数量、価格、納品場所、プロセス技術、品質、納期を自由に決められるようにするのがよい、というのがモリスの考え方だ。

2 国境を越えたアライアンスの構築

モリスは会議でのスピーチで、台湾は半導体チップの「域内」自給の流れを懸念していると述べた。「域内」自給化はコスト上昇につながるだけでなく、技術進歩のスピードが遅くなりかねない。さらに、多額の投資と年月を費やした結果、自給自足を達成できず、非常に高コストのサプライチェーンになってしまうおそれがある。

モリスはこのように半導体の「域内」自給化に警鐘を鳴らした。専門家は、各国が独自に半導体のサプライチェーンを構築するには約1兆米ドルの費用がかかり、将来的にはサプライチェーンの強靭性と経済効率との間でバランスを見つける必要があると指摘した。台湾企業の場合、同盟国と半導体アライアンスを形成することで「メイドインUSA」の要請に対応できる。

モリスはTSMCの工場を誘致する複数の国の要望を丁重に受け止めるとともに、インテルのゲルシンガーCEOに対して、「米国政府は外国の半導体メーカーに対して米国での工場建設に税制優遇措置を与えるべきではない」と暗にほのめかしたのではないか、と私は推測している。

ＴＳＭＣにとっては、台湾にファウンドリー工場を置くことが効率、コスト、プロセス技術の三つの点で最も競争優位性を発揮できる。つまり米国、日本、欧州、中国に工場を新設するのは、あくまで現地政府の要請に応えるものであり、受動的な行動だ。そのことをインテルのゲルシンガーはよくわかっていない。得策とは言えない海外での工場建設は、相対的な利益に従うしかなく、ＴＳＭＣは海外工場の生産能力を一定規模内に抑え、先進的なプロセス技術の開発は必然的に台湾で進めることになるだろう。

環境課題の解決策

ＴＳＭＣは、電力消費量の多いＥＵＶ装置を使用しており、７㎚、５㎚、３㎚の12インチウエハー工場が量産体制に入るにつれ使用電力が劇的に増加しており、(注10) この問題はＴＳＭＣにとって最も重要な経営課題の一つとなっている。

２０２１年5月13日、高雄市にある台湾電力の興達火力発電所で、作業員の操作ミスにより全面的に稼働停止となり、２~3時間の停電が発生し、４００万から５００万世帯が影響を受けた。この突発的な事故により、台湾の電力供給は１００％安定しているわけではなく、人災や天災（例えば大地震）で簡単に安定性が損なわれることが露呈した。ファウンドリーは電力需要が非常に大きく、数分間の停電でも非常に大きな損失を被る。幸いなことに、半導体産業が集中しているいくつかのサイエンスパークは台湾電力によって重要優先供給エリアに指定されており、この停電による影響や損失はなかった。しかし、将来的に電力需要の増加が見込まれる中、台湾全土に十数カ所の工場を持つＴＳＭＣにとって、電力供給に関するリスクは相対的に高まっている。

台湾大学経済学部の名誉教授で、かつて国家発展委員会の主任委員を務めたこともある陳添枝は、ＴＳＭＣの工場拡張について、「私の答えは非常にシンプルで、ＴＳＭＣは台湾でこれ以上拡大することはできない。これは経済的な問題であるだけでなく、国家安全保障の問題でもある」と述べている。その理由は、「ＴＳＭＣの優秀な人材の吸収力が強すぎて、中小企業だけでなく他の半導体企業も人材確保に苦労している。また、ＴＳＭＣの先進プロセスは台湾に過度に集中しすぎている。持続可能な発展のためには世界のリソースを活用すべきだ」（『天下雑誌』７２５号）。陳は学者であり、経済政策の立案に携わった官僚でもある。彼の新しい視点からの意見は影響力があり、軽んじてはならない。同時に、これは「鶏が先か卵が先か」という問題でもある。鴻海傘下のフォックスコンは、以前、中国共産党政府によって従業員の賃金の大幅引き上げを余儀なくされたが、結果として地域全体の工場労働者の賃金水準が大きく改善することに寄与した。半導体業界のトップ企業であるＴＳＭＣにも

台湾の総電力販売量とTSMCの消費電力量の比較

年	台湾電力による電力販売量／億kWh	TSMCによる消費電力量／億kWh（シェア）
2017	2172（*1）	84（*2）（3.86%）
2018	2191	96（4.38%）
2019	2187	114（5.21%）
2020	2248	138（6.13%）
2021	2389	155（6.48%）
2022	2480（*3）	180（*4）（7.25%）

*1：TSMCの公開情報、ウェブサイトより作成。
*2：TSMCの台湾にある各工場の総消費電力の概算値。
*3：予測値（グリーン電力販売を含む）。
*4：グリーン電力購入と3nmプロセス量産を含む。

同様の影響力があるといえる。

もう一つ見逃せないのは、以前は給与水準の低さから台湾で働く外国人の人材を見つけるのは大変だったが、ここ数年、TSMCが給与水準を何度も引き上げたため、状況が変わったことだ。月給、賞与、インセンティブをすべて合算すると、実質的な収入（注4）はシリコンバレーのほとんどのテクノロジー企業に匹敵する。また、2021年第2四半期には、外国人の技術人材に対して台湾への移住や就業を促進する法案が立法院で可決され、台湾での就労条件が大幅に緩和された。将来、東南アジアや欧州、米国から優れたエンジニアが台湾に来て働くことが増えると予想される。

第4章で示した「TSMCが持つ七つの競争優位性」に話を戻すと、これを海外の工場で実現していくことは難しいだろう。TSMCが台湾でリソースを使いすぎていることだけに目を奪われてはいけない。考慮すべきは、これらのリソースの消費によりもたらされる利益の大きさだ。ここまで本書を読まれた読者の皆さんは、すでにそのことを理解されていることと思う。

また、同じ『天下雑誌』725号の特集記事では、「幸福生活指数」という指標で世界41カ国を比較しており、台湾は17位に入った。これはアジア諸国の中では最高順位であり、日本は26位、韓国は31位、シンガポールや香港、東南アジアの他の国々・地域の順位はそれ以下だった。これは何を意味するのか。台湾には給与以外にも海外の人材を引き付けるもう一つの重要な要素、つまり生活・労働環境の質と安全性の高さがあることを示しており、将来、優れた技術人材を他国と奪い合ううえで大きなアドバンテージになるだろう。

EUVに関する難題

現在、ファウンドリー産業の中核となる装置はEUVであり、非常に多くの電力を消費する。2019年、EUVメーカーのASMLは製造した26台のうち19台をTSMCに出荷し、その価格は1台約30億台湾ドルだった。TSMCは5㎚、3㎚の先進プロセスをリードしており、今後、さらに高度なEUV装置の最大の出荷先となるだろう。EUVの価格はさらに高騰し、50億台湾ドルに達すると予測される。これは戦闘機よりも高い。

TSMCの台南のファブ18の5㎚プロセス、ファブ19の3㎚プロセスはそれぞれ2020年第2四半期、2022年第3四半期に量産を予定している。また、新竹宝山にある2㎚プロセスのファブ2は2025年に量産を開始する予定だ。台南の二つのファブ(18A、18B)の最大消費電力は2025年のフル稼働時に310万キロワットに達すると見られている。TSMCの北部、中部、南部の全ファブの電力使用量は、2020年時点で全国の電力使用量の6%に相当し、新しいファブの稼働が加わると、2025年時点での総電力消費量は台湾全土の10%以上を占めると推定されている(309ページの表を参照)。

このような消費電力の多さは台湾で前例がなく、産業界の模範となってきたTSMCがどのようにエネルギーの効率化を進めるのかが注目されている。

省エネは鍵となるのか

企業のエネルギー消費のマネジメントは、クリーンなエネルギーを新たに開拓すると同時に、エネルギー消費量を削減することを指す。前述のように、台湾では原発の稼働を停止させ、石炭火力発電所を減らすための計画を実施している。ここで見落としがちなのは「省エネルギー」で得られる効果が、グリーン発電に劣るものではないということだ。台湾で最も省エネに成功したデルタ電子（台達電子）グループの例を見てみよう。同グループの工場は台湾、タイ、中国（6工場）などにある。2009年から2014年にかけて、創業者兼会長の鄭崇華のリーダーシップのもと、わずか5年で全工場の電力消費量を5割削減した。台湾では総電力消費のうち製造業の電力消費が全体の55％を占めている。電力消費が比較的多い約3800社がデルタ電子に学んで各社が30％ずつ削減すれば、総電力消費量の16・5％の節電になる。台湾の三つの原発の発電量は総発電量の10～12％なので、原発廃止のため産業界全体が一丸となって行動を起こすべきだ。そうなれば、原発廃止に加えて、深刻な環境汚染をもたらす石炭火力発電所も閉鎖することができる。

省エネはコストがかからずメリットが大きいことなのに、なぜ企業の省エネへの取り組みは遅れているのだろうか。その背後には二つの要素がある。まず、計画的かつ効率的に節電するためには、「エネルギー情報管理システム（ＥＭＳ）」を構築する必要がある。具体的には、空調設備、モーター、ボイラー、スズ溶解炉、ポンプ、照明など、電力を消費する装置ごとにスマートメーターを設置して消費量を「見える化」し、各工場の情報システムにリンクさせたうえで、データを中央エネルギー情報監視システムに集約して分析する。これがＥＭＳの基本的な概念だ。ＥＭＳでは毎日24時間の記録を何年も取り続け、省エネコンサルタントの分析と現場指導によってエネルギー消費の問題点を特定し、解決する。デルタ電子では、台湾、タイ、中国の約10の工場を結ぶＥＭＳを構築し、その後5年で１６０以上の省エネプロジェクトを立ち上げた。そして省エネの専門家チームの支援のもと、問題を一つずつ解決し、中にはプロジェクト実施の翌月から月数百万台湾ドルの電気料金が削減されたケースもあった。5年間にわたる省エネプロジェクト完了後、削減された電気料金は累計で7億台湾ドルに達する。これに対してＥＭＳへの投資費用は５０００万台湾ドル以下であり、エビで鯛を釣るとはこのことだ。ＥＭＳの維持費は年１０００万台湾ドル以下であり、節約できる電気料金はその数十倍にもなる。

しかし、私の知る限り、産業用電力の大口ユーザー約３０００社のうちＥＭＳをフルに活用している企業は10％にも満たない。比率がこんなに低い理由は、ＥＭＳ導入の権限が各工場のエネルギー管理者や工場長ではなく、会長やＣＥＯなどの経営陣にあるからだ。台湾の製造業において、工場長以下の管理職は、製品の品質、出荷量、納期、生産効率を中心に評価され、生産とは関係のない目標は考慮されないことがほとんどだった。

デルタ電子が電気消費量の5割削減を達成できたのは、鄭崇華が工場長などの管理職の評価項目に省エネを組み入れ、そのウエートを25％と大きくしたからだ。毎月、経営トップが各工場の省エネプロジェクトを項目ごとに検討・追跡調査し、改善することで、迅速に結果を出すことができた。

ＥＭＳの導入が進まないもう一つの要因は、台湾の企業向け電気料金が、中国や日本、東南アジアの各国に比べてはるかに安いことだ。生産設備や人件費などに比べると電気代は微々たるものなので、経営者は省エネを重視せず、工場長も仕事を増やしたくないので問題にしない。鄭崇華が省エネを推進するのはお金のためではなく、地球の環境保護のためであり、それだけでも尊敬に値する。彼こそ社会的責任を持つ企業家といえる。

TSMCは省エネにどう取り組むべきか？

ＴＳＭＣでは２０２５年に電力消費量が台湾全体の10％になるとすでに指摘したが、これは非常に憂慮すべきことだ。

三つの原発が稼働を停止する２０２５年までに、その発電量12％分をどう再エネで埋めていくかはさておき、台湾中油〔台湾の石油元売り最大手〕が建設を計画している第３天然ガス（ＬＮＧ）受け入れ基地（三接）を巡って、環境保護団体が反対運動を展開し、住民投票まで実施された。それを見ても、「省エネ」は最も反対に遭いにくく、最も低コストで、最も効果が高いアプローチといえる。

ＴＳＭＣではトップが２０２０年からの５年間で、30％の省エネを目指すことを宣言している。２０２５年に台湾全体の総電力消費の10％を占めるとすると、それを３％節減できる計算になる。産業用電力に占める割合では６％のエネルギー節約になり、単一の企業でこれだけの成果を生み出すことができる。

しかし、ＣＳＲ重視で知られるＴＳＭＣも、２０１９年の「企業の社会的責任報告書（サステナビリティー・レポート）」では、同年の電力消費量について、当初は２０１０年比で11・５％削減を目標にしていたが、結局、目標を達成できなかっただけでなく、17・９％増加したと報告した。ＴＳＭＣの経営陣が、設定したＫＰＩ（重要業績評価指標）をクリアできないことはほとんどないが、苦杯をなめることになった。報告書によるとその理由は、プロセスの複雑化が進み、10㎚以下の製品の電力消費量が16㎚以上の倍となったためだ。「市場からの大きすぎる需要がある中で、省エネにどう対応していくか」は、５年後に台湾最大の電力消費者になるＴＳＭＣにとって難しい課題だ。

では彼らはどうすべきなのか。実際のところ、ＴＳＭＣは過去10年間、省エネ実績においてデルタ電子に次ぐ上位5社に入っており、ＥＭＳもかなり前に導入済みだ。台湾と海外の十数カ所の工場の設備には数千～数万台のスマートメーターが組み込まれ、電力消費を監視・管理している。工場で実施されている節電プログラムも成果を上げている。今後の最大の課題は、消費電力がきわめて大きいＥＵＶ装置であり、省エネにはすべての関係者の協力が必要だ。

　もちろん、リウ会長とウェイＣＥＯは、新工場のフル稼働により電力消費が膨大になるという深刻な問題を以前から認識しており、２０２０年にはエネルギー消費量を5年で25％削減するための行動計画を開始したほか、２０１９年には風力・太陽光発電企業と10年間のグリーンエネルギーの調達契約を締結した。新たなエネルギー源の確保と省エネの組み合わせにより、今後10年で電力危機に直面するリスクは大幅に軽減した。

　台湾の経済部長を中心としたチームは、ＴＳＭＣやハイテク企業の電力消費の急増を見て、ＴＳＭＣが今後10～20年で必要な電力を確保できるか懸念していた。彼らは4年間の任期中に、石炭から天然ガスへの切り替えに加え、風力発電と太陽光発電という二つの再エネの開発に全力を注ぎ、その結果、２０２５年までに台湾電力の再エネ電力の供給割合は、２０１０年の5％から20～25％に増加する見込みだ。この取り組みは、産業界にとって大きな安心材料になっており、特にＴＳＭＣにとっては、北部、中部、南部の新工場が次々と量産を始めフル稼働しても、電力の供給不足を心配する必要がなくなる。

持続可能な経営のため、何に取り組むべきか？

持続可能な経営に関して、ＴＳＭＣはいくつかの課題に直面している。

一つ目の課題は、今後５～10年で25年以上の豊富な経験を持つ上級幹部が１０００～２０００人も退職することだ。次の世代の幹部は今の世代に比べ、縦軸（こなした案件数や時間）が不足し、横軸（研究開発、製造のプロセス）についても経験と発想の多様性が不足している。ＴＳＭＣの研究開発やプロセス、製造に関わる幹部の中核は、モリスや曽繁城、蔡力行らによって育成された史上最強のチームだ。彼らは生産や研究開発で長い経験を持ち、多様なプロジェクトをこなし、豊富な実践経験を有する。

しかし、残念ながら次世代の幹部グループの力は第一世代ほどではないと推察される。台湾では過去10年間で理工学系の大学生数が２、３割減少しており、いわゆる台湾５大名門大学以外の学生も採用せざるを得ない状況で、以前よりも資質にばらつきが出ることは避けられない。また、新しい技術チームもモリスらによって育成されてはいるが、彼らが経験したことがあるのはすでに基盤がある事例ばかりだ。若き幹部たちがプロセス技術の変化にしっかり対応できるか見定める必要がある。

二つ目の課題は、プロセス技術への挑戦だ。ムーアの法則の限界が叫ばれる中、TSMCの3㎚、2㎚のプロセス技術はしばらくの間最先端でいるだろう。しかし、1㎚以降の技術開発はどうなるのか、本当にムーアの法則は限界に達したのか。ここから先は、半導体産業のリーダーであるTSMCにとって大きな挑戦だ。2021年初め、研究開発担当上級副社長の米玉傑が先進パッケージ事業の責任者に任命された。それは、TSMCが最新かつ最先端のパッケージング技術であるSoIC（System on Integrated Chips）を活用するためだ。SoICは、シリコンダイ（回路をつくり込んだシリコンの薄片）を3次元積層する技術で、チップの性能を劇的に向上させる革命的な手法だ。2022年に少量のパイロット生産が開始されるこの画期的なパッケージング技術は、ムーアの法則を打ち破ろうとするTSMCの秘密兵器になるだろう。

さらに、未来を見据えた高難度なプロジェクトとして量子技術の活用があるが、ムーアの法則の限界を突破すること以上にチャレンジングな試みだ。最先端を行くTSMCもこうした新たな技術開発に乗り出しているが、成功するか否かはまったく不透明だ。

三つ目の課題は、次世代に向けたハイテク技術のトレンドをどう読み解くかだ。例えば、IoT、インダストリー4・0、AI、自動運転技術、スマートロボットなどは、中間世代の技術チームにより事業を拡大させることができるだろう。しかし、これらの分野ではサムスン電子や中国のエンジニアと競い合うことになる。韓国や中国のエンジニアの忍耐力は、台湾の次世代エンジニアに引けを取らない。10年後、中国から優秀な人材が続々と輩出されることを鑑み、現世代のスキルと多様性を継承できるように次世代のエンジニアをいかに育成するか、ＴＳＭＣの経営陣はこのテーマに早くから力を注いでいる。

ＴＳＭＣは大国の要求に応じ、中国南京、米国アリゾナ州、そして日本に工場を建設しているが、現地でどの程度人材を採用し育成できるのか。技術の流出をどのように防ぐのか。本社からの派遣チームをどう管理するのか。これらの問題は台湾の5万人以上の従業員の場合とは性質も違えば、効率も違う。海外工場のマネジメントや高い生産性を達成できるかどうか、運営コストがどれだけ増加するかが、今後の大きな課題になるだろう。

これらの経営に影響する項目は、ＴＳＭＣが中長期的に直面する課題だ。確かにリスクも伴うが、早めに計画・準備をすれば、5～10年後に大きな問題にはならないだろう。しかし、10～15年の長期で考えると、非常に重大な話になってくる。２０１９年、ＴＳＭＣではモリスが経営から離れ、リウとウェイの2トップ体制になった。モリス退任後の最大の出来事は、米中対立に直面したことだ。さらに、新型コロナウイルスの世界的な影響もあった。しかし、業績面から見ると落ち込むどころか、過去最高の売上高と利益を達成している。さらに、グリーンエネルギー投資や台南の5㎚、3㎚プロセスの工場の建設や量産という目標も見事に達成した。これはモリスが築いた企業ガバナンスや企業文化、プロ意識、効率性、真摯さ、誠実さといったコアバリューがトップから末端まで組織全体に浸透し、TSMCが「持続可能な経営」を実践できることを証明している。

「護国神山」と称されるTSMCは、台湾の産業発展史から見てもまさに奇跡であり、「天(好機)、地(地の利)、人(人材)」が同時に整った結果であるといえる。国際的なリーダーシップを備えたモリスは、台湾のすべての人々の誇りでもある。台湾の産業界の誇りであり、台湾のすべての人々の誇りでもある。

ここしかないという時期に台湾にやって来て、ここしかないという最高の活躍の場を与えられた。さらに、政府の指導者たちからの政策支援と全幅の信頼を得たことで、台湾の半導体産業は思いも寄らない繁栄の道を歩み出し、世界に誇る偉業を成し遂げ、私たちを感嘆させ、世界を驚かせた。

謝辞

本書の完成に際して、励ましてくれた妻の玉霞と二人の娘にまず感謝したい。また友人である馮震宇氏、連錦堅氏の指摘や先輩である果睦氏の意見は、特に本書の構成と技術面の正確性を高めてくれた。また、曽晉皓氏のアドバイスのおかげで本書の内容はより信頼できるものになった。

エイサーのスタン・シー名誉会長は、長年、私が尊敬している経営者だ。私の依頼を快諾し、TSMCの独立取締役としての21年間で経験した出来事や心情を余すところなく語っていただき、同社の経営に関する部分を補完してもらった。感謝とともに大変光栄に思っている。

行政院副院長の沈栄津先生には多忙の中、本書の推薦文を寄稿していただいた。私に対する過分なお言葉に恥ずかしさを感じるが、長年の友人からの言葉は本書をより魅力的なものにしてくれたと感じている。心から感謝したい。

最後に、モリス・チャン氏から、本書の初稿を読んだ後、陳秘書を通じて本書の出版成功を祈念するとの言葉を頂戴した。多くの人々の手本となった彼から祝福を受けたことに厚く感謝したい。

解説

経済安全保障時代にTSMCは「護国神山」になれるか？

鈴木一人（東京大学公共政策大学院教授）

TSMCは間違いなく世界で最も注目される企業であり、成功した企業である。本書で再三示されているように、ライバルとなるUMCやインテル、サムスン電子を引き離し、世界で最も売れているGPUをつくるエヌビディアと組み、日米欧が多額の補助金を用意して迎え入れようとする企業である。しかし、現代の世界はこれまでTSMCが成功してきた世界と大きく環境が変わりつつある。この「経済安全保障時代」にTSMCのビジネスは今後も継続できるのかどうか、検討してみたい。

1 経済安全保障時代とは

経済安全保障時代とは、一言で言えば、冷戦後に広がったグローバル化の波が収束し、政治と経済が融合する時代になったということだ。第二次世界大戦後、GATT-IMF体制としてスタートした自由貿易を基礎とする国際経済秩序は、冷戦の終焉によってロシアや中国も自由貿易の枠組みに入り、生産や投資がグローバルに拡大した。それは、経済的活動が政治とは切り離され、関税や規制といった政治的な市場介入を最小化することを意味していた。

しかし、グローバル化によって世界経済が緊密に結びつき、国家間の対立があったとしてもビジネスは継続されるという常識が、近年大きく変わってきた。中国は「経済的威圧」として、比較優位にあるレアアースや重要鉱物の輸出管理によって他国に影響力を行使し、米国はトランプ政権以来、中国に対して追加関税を課し、携帯電話ネットワークから中国企業を排除するといった政策をとっている。米中対立が激しくなる中で、直接武力行使といった形の戦争に発展する段階ではないが、経済的には米中はすでに相互に圧力をかける状況となっている。これはすなわち、政治が市場に介入し、政治の目的のために経済を手段として使うようになってきたことを意味する。

その中で、注目を集めているのが半導体である。半導体は、あらゆる電子機器に搭載され、それなしには経済社会活動が成立しない状況にあるが、それは兵器においても同様だ。かつては物理的な力で動かしていた戦闘機や戦車も今や電子制御され、あらゆる情報がデジタル化され、兵器は電子的にネットワーク化されている。さらに、軍事作戦の遂行には高度な人工知能（ＡＩ）やそれを支える膨大なデータの処理が求められるようになった。つまり、半導体の能力によって兵器の能力が決まり、それが軍事的な優位性を決定する状況にある。

こうした軍事的優位性を担保する兵器の能力を決める先端半導体をつくれる企業は限られており、中でもＴＳＭＣは圧倒的な優位性を持っている。すなわち、ＴＳＭＣから先端半導体を調達できる国は軍事的な優位性を維持することができ、ＴＳＭＣの半導体にアクセスできない国は軍事的劣位を覚悟しなければならない。ゆえに米国は14／16㎚プロセス以下の半導体の対中輸出規制を行い、中国が先端半導体にアクセスできないような状況をつくっただけでなく、中国が国内で先端半導体を開発製造できないようにするため、日本とオランダに圧力をかけ、半導体製造装置の輸出管理も強化することを求めた。

経済安全保障時代における半導体は、まさに政治と経済が融合し、政治的目的のために経済が管理される中で、米中対立の中核的な戦略物資として位置付けられ、先端半導体部門で圧倒的な存在となっているＴＳＭＣの製品がターゲットとなっているのである。

2 台湾有事のリスク

ＴＳＭＣが製造する14／16㎚プロセス以下の半導体は兵器に使われるだけでなく、スマホやデータセンターのサーバーなど、現代の経済活動において不可欠な製品となっている。ＴＳＭＣからすれば、兵器として用いられる半導体の需要は限りがありビジネスとしてまったく成立しないが、膨大な広がりを持つ民生用製品に使われる半導体は無限のビジネスチャンスを生む。クラウドサービスなど、より高度な処理能力を必要とするサービスがこれからも増えていくことは容易に想像されるため、当面の間、半導体の開発製造で最先端を走り続け、恒常的に設備投資を続けるＴＳＭＣは、現代社会における覇者として君臨するだろう。

しかし、先端半導体の製造がＴＳＭＣに一手に握られている状態は、別の大きなリスクを生み出す。それは半導体が生産される拠点が、地政学的に不安定な台湾に集中しているというリスクだ。本書では十分論じられていないが、現代の半導体業界において、最も大きなリスクは、中国が何らかの形で台湾の統一を強行し、力によって現状を変更しようとする企てを進めることである。

中国共産党にとって、台湾は国共内戦で戦った国民党が逃げ込んだ場所であり、反体制派が占拠する国土の一部だ。ゆえに台湾を併合し、中国共産党の支配の下に置くということは、建国以来の悲願なのである。しかも、習近平国家主席が憲法を改正してまで三期目に突入したのは、台湾を支配下に置くという夢を実現するためだと考えられている。

本書の冒頭でも、ＴＳＭＣは「護国神山」として紹介されているが、ＴＳＭＣの存在が中国による台湾への武力行使を阻止し、台湾を守ることができるかどうか、という問題は議論が残る。中国にとっては喉から手が出るほど欲しい先端半導体を開発製造するＴＳＭＣを手中に収めたいという願望がある一方で、ＴＳＭＣを失ってでも台湾を共産党の支配下に置くという政治的な目的を達成したいという願望もある。その意味で、台湾有事においてTSMCが守られるという保証はないのである。

そう考えると、先端半導体に限らず、半導体全般の製造を台湾に依存している世界中の需要者は、台湾有事が起こらないように中国の行動を抑止するための最大限の努力をするが、それでも万が一のリスクに備えて、台湾以外に工場をつくることを熱望するようになる。これまでTSMCは中国本土の南京と松江に工場を持っていたが、米国がアリゾナ州に、日本が熊本に、EUがドイツに、多額の補助金を提供して工場をつくることを求めたのである。これは経済安全保障の時代において、中国が仮に台湾を支配した場合でも、半導体のサプライチェーンを確保するための対策と考えてよいだろう。

3 ラピダスはTSMCのライバルとなるか

今や最先端半導体を独占的に生産するTSMCだが、かつて半導体の王国であり、グローバルシェアの半分を握っていた日本は、その半導体の栄光を取り戻すべく、大きな政策転換を遂げている。TSMCの工場を熊本に誘致するだけでなく、茨城県つくば市にある産業技術総合研究所とTSMCの共同研究機関である「TSMCジャパン3DIC研究開発センター」を設立して、後工程の3Dパッケージを研究するだけでなく、政府が3300億円を出資し、民間企業や銀行など8社の共同出資によってRapidus（ラピダス）を設立した。ラピダスは「ビヨンド2ナノ」を標榜し、最先端半導体のファウンドリーとして、日本の半導体産業を復活させる原動力にしようとしている。

このラピダスが成功するかどうかは時がたたなければ判断できないが、気になる点は、現代の半導体製造において不可欠な、巨額の設備投資を継続して行うだけの資本がどこから出るのかという点と、先端半導体を開発製造するための人材が十分に存在するかという点だ。本書でも述べられているように、TSMCの成功には様々な要素があるが、ファウンドリーというビジネスモデルを支えてきたのは、政府からの出資だけでなく、収益性の高い製品から生まれる利益を投資に注ぎ込み、他のライバルが追いつけないほど設備投資を繰り返したことにある。ラピダスがTSMCのライバルとして勝ち抜くためには、同様の設備投資を続けなければならないが、果たしてそれが可能なのかどうかは疑問が残る。

また、TSMCの成功のカギは歩留まり率の高さであったことは本書からも明らかだが、そうした歩留まり率を高めるためのノウハウは、いくら博士号を持った人材をそろえても得られるものではない。様々な半導体製造を経験し、現場で問題を解決する能力があるかどうかが勝敗を分ける。TSMCは台湾の中小企業によるOEM文化の中で育った企業であり、町工場における改良・改善のノウハウを持っていたからこそ、高い歩留まり率を実現できた。

日本において、先端半導体の製造を支えるノウハウがあるわけではなく、それを身につけていくためには、他の半導体産業でのノウハウを蓄積した人材が必要となってくる。そうしたことが可能なのかどうかにも注目しておく必要があるだろう。

4 経済安全保障時代を生き抜く知恵

ＴＳＭＣは経済安全保障の側面から見れば、まさに「護国神山」であり、世界各地に工場をつくったとしても、そのノウハウの中核は台湾にあり、それゆえ米国をはじめとしてＴＳＭＣの半導体に依存している国々は台湾を守ろうとするだろう。しかし、国際情勢は必ずしも経済だけで動くわけではなく、ロシアのウクライナ侵略に見られるように、経済制裁を受けてでも自らの野心を実現するための選択をすることも十分あり得る。そうした状況を想定しながら、台湾有事に向けての備えを進めつつ、日本がラピダスを軸に先端半導体でＴＳＭＣと競争していくためには、官民を挙げた政策を実行し、投資を継続する必要がある。

経済安全保障時代では、これまでのような経済的合理性だけでは判断できない、政治的野心や国家間対立が経済に影響してくるようになる。それでもＴＳＭＣのように世界にとって不可欠な存在になることで、地政学的な圧力を跳ね返し、国際社会からの支援を得ることはできる。ＴＳＭＣの事例は、経済安全保障時代において、不可欠な存在になることが国家安全保障に貢献することを証明している。しかし、それは台湾の安全を保証するものではない。中国が経済的合理性を超えた選択をし、台湾有事を引き起こす可能性を常に視野に入れつつ、そのリスクを低減するための備えを怠るわけにはいかない。

原注

1　TSMCの時価総額と世界ランキング
2　ムーアの法則。集積回路が登場して以来、ウエハーに多くの素子や回路を集積させる能力（集積率）がおよそ2年ごとに飛躍的に向上し、同じチップ面積に、2倍の素子や回路を収容できる、あるいは同じ回路や素子を半分の面積のウエハーに搭載できるようになることを指す。ウエハーが10㎚プロセスに到達した際、ムーアの法則は限界を迎えたと考えられた。ウエハー表面に光を照射して精密な回路パターンを焼き付ける際、液体スズによる霧化や微粒子の粉塵が生じて歩留まり率が大幅に低下するためだったが、その後、スズと超高純度水素を気体で結合させて除去するEUV（極端紫外線）リソグラフィーの登場により、ムーアの法則の限界を打ち破る高い歩留まり率が実現し、7㎚、5㎚、3㎚、2㎚プロセスへと技術が進歩した。
3　世界金融危機後、TSMCの拡大投資による売上高と利益。
4　台湾、米国（シリコンバレー）、中国における半導体関連人材の実質収入の比較。実質収入は、給与に加えて賞与やインセンティブなどの総額を指す。米国にはストックオプション制度があり、一定期間終了後、契約で定められた価格でその会社の株式を購入できる。通常、その権利は高い職位にいる人にしか与えられず、市場価格が契約価格より低ければ株式購入のメリットがないため、給与比較には含めていない。米国との給与差はTSMCが何年もかけて給与水準を引き上げてきた結果、現在ではほぼ変わらないが、納税額や衣食住などの生活費、交通の便などの面で大きな差がある。所得税と健康保険料を比較すると、米国は台湾より平均して10％以上高い。例えば、5年のキャリアを持つエンジニアの年収が8万米ドルだとすると、米国では台湾よりも所得税を8000米ドル以上、健康保険料は3000～4000ドルも多く支払う必要がある。TSMCを含む台湾のサイエンスパーク内の多くの企業の従業員は、工場内の食堂で昼食や夕食をとることができる。1食当たりの料金は20～40台湾ドルだ。一方、シリコンバレーのメーカーのほとんどでは、食事の提供がない。私も現地出張の際、近くの商業施設で食事をとった。その経験から言うと、1食15～20米ドルが一般的だ。1年の勤務日数を250日とすると、米国では食費だけで1万米ドルかかる。一方、台湾では700米ドルで済む。また、台湾ではサイエンスパーク内の多くの企業が独身寮を完備しており、家賃はシリコンバレーの6分の1から4分の1程度だ。これらの生活のために必要な三つの支出を比較すると、米国と台湾の間には2万2000

米ドル以上の差があることになる。実質所得で比較すると、同じキャリアのTSMCの従業員は米ハイテク企業の従業員より2～3割多く稼いでいる。つまり、TSMCの報酬には国際競争力がある。

5 『縦有風雨更有晴　張孝威直說直做（成功は台風一過の晴天のごとし　張孝威の言葉と実践）』（張孝威、天下文化出版、2018年）。

6 『張忠謀自傳（モリス・チャン自伝）』（張忠謀、天下文化出版、2018年）。

7 TSMCグランドアライアンス。アップル、AMD、エヌビディア、アンペア、クアルコム、ブロードコム、メディアテックなどのIC設計専門企業と、設計アーキテクチャーのARMなどのEDAツールやIPコアの提供企業、そしてファウンドリーのTSMCで形成された巨大な半導体連合軍。

8 『今周刊』（1246号36～86ページ）。

9 グリーンエネルギーとは大きく分けて「再生可能エネルギー」と「クリーンエネルギー」の二つを指す。

再エネは、短期間で自己再生し、枯渇することがないエネルギー源（風力発電、太陽光発電、水力発電、地熱発電、バイオマス発電など）。

クリーンエネルギーは、発電の過程で炭素を排出しないエネルギー源（風力、水力、水素、原子力、地熱、太陽光、バイオマス、燃料電池など）。

10 2023年7月9日付の台湾自由時報によると、2022年のTSMCの電力消費量は210億kWhで、全国の電力消費量の7.5%を占める。過去の電力消費量と全国に占める割合は以下の通りである。2020年は160.5億kWhで、5.9%。2021年は180億kWhで、6.3%。

著者

王 百禄（わん・ばいるー）

科学技術ジャーナリスト、作家。1982年に国立台湾科技大学を卒業後、中国時報グループに入社。『工商時報』の記者として台湾のエレクトロニクス産業や半導体産業などを黎明期から取材してきた。台湾科技大学で講師、客員副教授を務めたのち、現在はハイテク産業について取材・執筆するジャーナリストとして活動している。主な著書に、エイサー創業者スタン・シーの自伝『高成長的魅力（高成長の魅力）』のほか、『21世紀網路企業商機（21世紀におけるIT企業の商機）』上下巻、『學李國鼎做事：推動台灣工業發展的關鍵人與重要事（李国鼎に学ぶ：台湾工業発展のキーパーソンと重要事件）』などがある。

訳者

沢井メグ（さわい・めぐ）

翻訳家、ライター。台湾生まれの作家・劉吶鴎の足跡を追って上海に留学し、上海国際博覧会日本語館での勤務を経て、2011年より翻訳家、ライターの活動を始める。台湾や中国をはじめとする中国語圏のビジネスやカルチャーのニュース翻訳のほか、現地の漫画やアニメなどポップカルチャーの紹介や取材を行う。主な訳書に『用九商店』（ルアン・グアンミン著）、『DAY OFF』（毎日青菜著。ともにトゥーヴァージンズ）などがある。X（旧ツイッター）のアカウントは@Megmi381。

半導体ビジネスの覇者
TSMCはなぜ世界一になれたのか？

2023年10月2日　第1版第1刷発行

著者　王百祿
訳者　沢井メグ
発行者　中川ヒロミ
発行　株式会社日経BP
発売　株式会社日経BPマーケティング
〒105-8308
東京都港区虎ノ門4-3-12
https://bookplus.nikkei.com/
翻訳協力　株式会社トランネット
ブックデザイン　小口翔平＋奈良岡菜摘＋嵩あかり（tobufune）
DTP・制作　河野真次
編集担当　沖本健二
印刷・製本　中央精版印刷株式会社

ISBN 978-4-296-00159-0　Printed in Japan

本書籍に関するお問い合わせ、ご連絡は下記にて承ります。
https://nkbp.jp/booksQA